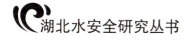
湖北水安全研究丛书

江汉平原河湖底泥治理技术

河湖清淤及底泥处理处置工程技术指南

JIANGHAN PINGYUAN HEHU DINI ZHILI JISHU

姚晓敏 年夫喜 张家泉 冯细霞 贺厚安 ◎ 主编
湖北省水利水电规划勘测设计院有限公司 ◎ 组编

华中科技大学出版社
http://press.hust.edu.cn
中国·武汉

内容简介

为了规范河湖清淤及底泥处理处置工程的勘察设计与施工，作者团队特编写本指南。本指南分为正文及附录两部分，正文内容主要分为12章，包括总则、术语和定义、勘测与污染状况调查评价、总体方案设计、清淤方案、清淤施工设计、底泥处理与处置、水体稳定控制、环境保护方案、工程监测设计、工程投资、工程效益评估。附录为工程实例，主要对相关实践案例进行总结。本指南为河湖清淤及底泥处理处置方面的技术总结类图书，主要用于指导河湖环境治理实践。

图书在版编目(CIP)数据

江汉平原河湖底泥治理技术：河湖清淤及底泥处理处置工程技术指南 / 湖北省水利水电规划勘测设计院有限公司组编；姚晓敏等主编. —— 武汉：华中科技大学出版社，2024.5
ISBN 978-7-5772-0966-1

Ⅰ.①江… Ⅱ.①湖…②姚… Ⅲ.①江汉平原－河流底泥－污泥处理－指南②江汉平原－湖泊－底泥－污泥处理－指南 Ⅳ.①X52-62

中国国家版本馆CIP数据核字(2024)第110352号

江汉平原河湖底泥治理技术——河湖清淤及底泥处理处置工程技术指南
Jianghan Pingyuan Hehu Dini Zhili Jishu ——Hehu Qingyu ji Dini Chuli Chuzhi Gongcheng Jishu Zhinan

湖北省水利水电规划勘测设计院有限公司 组编
姚晓敏 年夫喜 张家泉 冯细霞 贺厚安 主编

策划编辑：周永华	责任编辑：梁　任
封面设计：张　靖	责任监印：朱　玢

出版发行：华中科技大学出版社（中国·武汉）　　电话：(027)81321913
　　　　　武汉市东湖新技术开发区华工科技园　　　邮编：430223

录　　排：武汉东橙品牌策划设计有限公司
印　　刷：湖北金港彩印有限公司
开　　本：710mm×1000mm　1/16
印　　张：11.75
字　　数：202千字
版　　次：2024年5月第1版第1次印刷
定　　价：98.00元

本书若有印装质量问题，请向出版社营销中心调换
全国免费服务热线400-6679-118竭诚为您服务
版权所有 侵权必究

编委会

主　编　　姚晓敏　年夫喜　张家泉　冯细霞　贺厚安

副主编　　刘贤才　邓　琴　陈鲁莉　陈正军　侯浩波　饶　泷
　　　　　　王　焱　柳　山　汤升才　向亚卿

编　委　　冷　涛　李瑞清　张祥菊　陈　雷　沈兴华　陈　岚
　　　　　　吴　佩　李津津　王　伟　胡　芳　张小明　董忠萍
　　　　　　周　驰　周　旻　何星星　陈江海　王永宏　蒋海英
　　　　　　李　琦　刘国亮　倪高宇　陈　新　王海波　喻　鹏
　　　　　　陈　会　崔梦婷　苗　滕　蔡　囊　谢先保　王小占
　　　　　　龙立华　胡天舒　姚　瑞　张珉珉　汤朝阳　肖　波
　　　　　　崔帅帅　李建恒

序　言

2014 年 3 月 14 日，习近平总书记提出"节水优先、空间均衡、系统治理、两手发力"的治水思路，为系统解决我国新老水问题、保障国家水安全提供了根本遵循和行动指南。2024 年是中华人民共和国成立 75 周年，也是习近平总书记发表保障国家水安全重要讲话 10 周年。10 年来，我国治水事业取得了历史性成就，发生了历史性变革。尤其在河湖管理、保护方面，水利部、湖北省委省政府、湖北省水利厅坚持以习近平新时代中国特色社会主义思想为指导，完整、准确、全面贯彻新发展理念，全力推进安全河湖、生命河湖、幸福河湖建设，采取一系列创新举措，着力提升了江河湖泊生态保护治理水平，更为以中国式现代化全面推进强国建设、民族复兴伟业提供了有力的水安全保障。

治荆楚必先治水。湖北省作为"千湖之省"，现有天然湖泊 755 个，容积超过 53 亿 m^3。长期以来，湖泊等湿地被称为"地球之肾"，对改善气候、调节径流、提供水源、防洪灌溉、水产养殖、保护生物多样性等起着重要作用。新时代，湖泊的开发、利用和保护对湖泊流域内外的社会生产、人民生活和生态环境意义重大。如何保护和合理利用湖泊，愈来愈引起社会的广泛关注。纵观"千湖之省"的重要湖泊，由于湖泊水域面积广阔、水体交换缓慢、污染物易扩散，加之沿湖工农业、人口和城镇密布，经济发展长期与湖泊争水争地，湖北省重要湖泊普遍"生病"，面临着生态功能受损、水源涵养能力不足、水环境恶化、生物多样性减少、蓄洪能力下降等突出问题。当前，如何对湖泊进行"把脉开方""对症治疗"迫在眉睫，考验着湖北水利人的智慧。

目前，湖北省水利事业正处在一个新的历史时期，湖泊等水生态环境问题引起社会广泛关注，尤其在推动湖北由水利大省向水利强省转变的奋斗征程中，为湖泊治理技术的研究和丰富提供了新的机遇和挑战。姚晓敏、年夫喜等团队成员心怀"国之大者""省之要事",本着为长远计、为子孙谋的理念,用心用情编制了《江汉平原河湖底泥治理技术——河湖清淤及底泥处理处置工程技术指南》。本指南旨在贯彻习近平生态文明思想,为进一步推进湖北省重要湖泊保护和治理,持续改善长江经济带生态环境质量,推动长江经济带发展提供了技术支持,也积累了宝贵经验。

盛世治水润民生,河湖治理惠百姓。本指南紧密贴合湖北省开展湖泊清淤及综合治理行动的工作部署,立足"千湖之省"特殊的省情、水情,充分总结了我国重要湖泊保护治理实践经验,在清淤施工设计、底泥处理与处置、水体稳定控制、工程投资等方面提供了具体的指导意见,为实现从"一湖之治"向"山水林田湖草沙冰"生命共同体一体化保护和系统治理转变,提供了路径借鉴。本指南的出版对于提升湖北省湖泊生态系统承载能力,推动区域绿色可持续发展具有实践指导意义,为奋力谱写中国式现代化湖北实践水利篇章也具有深远的意义和影响。

是为序。

郭生练

目　录

第1章　总则 1
    1.1　概述 1
    1.2　适用范围 2
    1.3　规范性引用文件 2
    1.4　总体要求 4

第2章　术语和定义 5

第3章　勘测与污染状况调查评价 9
    3.1　一般规定 9
    3.2　资料收集与分析 9
    3.3　现场查勘 10
    3.4　生态环境调查 11
    3.5　测量 13
    3.6　地质勘察 31
    3.7　水土测试 36
    3.8　底泥分析检测 37
    3.9　湖泊底泥现状评价 40

第4章　总体方案设计 53
    4.1　一般规定 53
    4.2　清淤控制指标 53
    4.3　清淤规模 54
    4.4　底泥处理处置 55
    4.5　水体稳定（余水）控制指标 56

第 5 章 清淤方案 57

    5.1 一般规定 57

    5.2 清淤施工区划分 57

    5.3 清淤方式 57

    5.4 清淤工程量计算 61

第 6 章 清淤施工设计 63

    6.1 一般规定 63

    6.2 清淤施工部署和准备 63

    6.3 清淤施工工艺 65

    6.4 施工组织设计 71

    6.5 验收 73

第 7 章 底泥处理与处置 77

    7.1 一般规定 77

    7.2 底泥处理 78

    7.3 底泥处置 91

    7.4 余水处理与处置 96

第 8 章 水体稳定控制 101

    8.1 水体稳定控制简述 101

    8.2 水体稳定控制标准 101

    8.3 水体稳定控制措施 102

    8.4 余水稳定控制 104

第 9 章 环境保护方案 107

    9.1 一般规定 107

    9.2 防细颗粒扩散方案 107

    9.3 疏浚过程的防臭方案 108

    9.4 堆场的防污措施 109

    9.5 管理措施 109

第10章 工程监测设计 111
10.1 一般规定 111
10.2 监测项目 111
10.3 监测布置与监测频率 113
10.4 监测资料的整编与分析 115

第11章 工程投资 117
11.1 编制原则 117
11.2 工程投资估算的主要方法 119
11.3 工程投资的主要内容 120

第12章 工程效益评估 125
12.1 生态环境效益 125
12.2 社会效益 125
12.3 经济效益 125

附录A 工业城市重金属污染湖泊清淤及底泥处置——以黄石磁湖为例 127
A.1 工程项目简介 127
A.2 主要工程内容 127
A.3 总体方案设计 132
A.4 主要技术指标 134
A.5 工程技术特点 134
A.6 工程实施效果 135
A.7 相关图片 135

附录B 武汉市青山区北湖疏浚清淤、脱水固化处理工程 137
B.1 工程项目简介 137
B.2 主要工程内容 137
B.3 总体方案设计 137
B.4 主要技术指标 137
B.5 工程技术特点 138

  B.6 工程实施效果 140
  B.7 相关图片 140

附录 C 襄阳市护城河清淤工程 143
  C.1 工程项目简介 143
  C.2 主要工程内容 143
  C.3 总体方案设计 143
  C.4 主要技术指标 143
  C.5 工程技术特点 145
  C.6 工程实施效果 145
  C.7 相关图片 146

附录 D 常州市长荡湖生态清淤及固化处理中心工程 147
  D.1 工程项目简介 147
  D.2 主要工程内容 147
  D.3 总体方案设计 147
  D.4 主要技术指标 148
  D.5 工程技术特点 148
  D.6 相关图片效果 150

附录 E 荆门市竹皮河流域清淤及底泥处理处置工程 153
  E.1 工程项目简介 153
  E.2 主要工程内容 153
  E.3 总体方案设计 154
  E.4 主要技术指标 155
  E.5 工程技术特点 155
  E.6 工程实施效果 155
  E.7 相关图片 157

附录 F 昆明市滇池生态清淤及底泥处理处置工程 159
  F.1 工程项目简介 159

F.2 主要工程内容 159
F.3 总体方案设计 159
F.4 主要技术指标 160
F.5 工程技术特点 161
F.6 工程实施效果 161
F.7 相关图片 162

附录 G 江陵县资市镇青山村鱼塘生态整治工程 163

G.1 工程项目简介 163
G.2 主要工程内容 164
G.3 总体方案设计 168
G.4 主要技术指标 170
G.5 工程技术特点 171
G.6 工程实施效果 171
G.7 相关图片 171

后　记 175

第 1 章 总 则

1.1 概述

湖北省素有"千湖之省"之称,现有天然湖泊 755 个,湖泊水面面积合计 2706.85 km²。水面面积 100 km²以上的湖泊有洪湖、梁子湖、长湖、斧头湖;水面面积 1 km²以上的湖泊有 231 个。

根据《地表水环境质量标准》(GB 3838—2002),湖北省采用单一指标对全省 29 个主要湖泊分全年期、汛期和非汛期三个时段进行水体质量评价,结果如下:全省 29 个湖泊总评价面积为 1574.36 km²,其中全年期水体质量评价为Ⅰ~Ⅱ类的湖泊共 3 个,水面面积为 82.88 km²,占总评价面积的 5.2%;水体质量评价为Ⅲ类的湖泊共 10 个,水面面积为 549.01 km²,占总评价面积的 34.9%;水体质量评价为Ⅳ类的湖泊共 6 个,水面面积为 736.9 km²,占总评价面积的 46.8%;水体质量评价为Ⅴ类的湖泊共 5 个,水面面积为 153.74 km²,占总评价面积的 9.8%;水体质量评价为劣Ⅴ类的湖泊共 5 个,水面面积为 51.83 km²,占总评价面积的 3.3%。

20 世纪 90 年代以来,随着社会经济的发展,湖泊水体受污染已成为不容忽视的环境问题。因此,加强湖泊资源的统一管理,实现湖泊清淤及底泥处理处置,对水资源战略安全以及区域经济的可持续发展具有重大意义。

坚持以习近平生态文明思想为指导,全面贯彻党的十九大和习近平总书记视察湖北重要讲话精神,坚持生态优先、科学治理、绿色发展,结合"十四五"规划和新一轮补短板强功能工程,实施河湖清淤及综合治理工程,推进环河湖污染防控。分类实施河湖清淤、科学处置清淤底泥、有效防治环河湖污染、扎实修复河湖生态,能够有效遏制水质恶化、改善生态功能,提升河湖蓄水与排涝能力,建设人水和谐美丽湖泊，实现从"一湖之治"向"山水林田湖草沙冰"生命共同体综合施治的转变。这既是落实国家生态文明建设的重要举措，又关系到湖北水系居民的未来发展，意义重大。

基于此背景，编制《江汉平原河湖底泥治理技术——河湖清淤及底泥处理处置工程技术指南》，以推动湖北省河湖清淤及综合治理工作高效稳步推进。

1.2 适用范围

为了规范湖北省河湖清淤及底泥处理处置工程的勘察设计与施工，特制定本指南。

本指南主要适用于湖北省河湖污染底泥的勘测和污染状况调查、清淤方案设计及施工、取样检测、底泥处理处置及水体稳定控制等。湖北省水库清淤及底泥处理处置也可参照本指南执行。

1.3 规范性引用文件

本指南引用的主要规范、规程及相关文件（不限于）如下。

（1）《河道整治设计规范》（GB 50707）。

（2）《地表水环境质量标准》（GB 3838）。

（3）《农田灌溉水质标准》（GB 5084）。

（4）《污水综合排放标准》（GB 8978）。

（5）《农用污泥污染物控制标准》（GB 4284）。

（6）《危险废物鉴别标准 浸出毒性鉴别》（GB 5085.3）。

（7）《固体废物鉴别标准 通则》（GB 34330）。

（8）《建筑地基基础设计规范》（GB 50007）。

（9）《建筑地基基础工程施工质量验收标准》（GB 50202）。

（10）《生活垃圾填埋场污染控制标准》（GB 16889）。

（11）《生活垃圾卫生填埋处理技术规范》（GB 50869）。

（12）《一般工业固体废物贮存和填埋污染控制标准》（GB 18599）。

（13）《污水综合排放标准》（GB 8978）。

（14）《水质 总磷的测定 钼酸铵分光光度法》（GB 11893）。

（15）《岩土工程勘察规范》（GB 50021）。

（16）《通用硅酸盐水泥》（GB 175）。

（17）《土壤环境质量 建设用地土壤污染风险管控标准（试行）》（GB 36600）。

（18）《土壤环境质量 农用地土壤污染风险管控标准（试行）》（GB 15618）。

（19）《环境空气质量标准》（GB 3095）。

（20）《堤防工程设计规范》（GB 50286）。

（21）《城镇污水处理厂污泥处置 土地改良用泥质》（GB/T 24600）。

（22）《吹填土地基处理技术规范》（GB/T 51064）。

（23）《城镇污水处理厂污泥处置 园林绿化用泥质》（GB/T 23486）。

（24）《污水排入城镇下水道水质标准》（GB/T 31962）。

（25）《水质 水温的测定 温度计或颠倒温度计测定法》（GB/T 13195）。

（26）《水、土中有机磷农药测定气相色谱法》（GB/T 14552）。

（27）《土壤中六六六和滴滴涕测定 气相色谱法》（GB/T 14550）。

（28）《空气质量 恶臭的测定 三点比较式臭袋法》（GB/T 14675）。

（29）《土壤质量 铜、锌的测定 火焰原子吸收分光光度法》（GB/T 17138）。

（30）《土壤质量 铅、镉的测定 石墨炉原子吸收分光光度法》（GB/T 17141）。

（31）《土壤质量 镍的测定 火焰原子吸收分光光度法》（GB/T 17139）。

（32）《土壤质量 总汞、总砷、总铅的测定 原子荧光法 第1部分：土壤中总汞的测定》（GB/T 22105.1）。

（33）《土壤质量 总汞、总砷、总铅的测定 原子荧光法 第2部分：土壤中总砷的测定》（GB/T 22105.2）。

（34）《土壤质量 总汞、总砷、总铅的测定 原子荧光法 第3部分：土壤中总铅的测定》（GB/T 22105.3）。

（35）《土工试验方法标准》（GB/T 50123）。

（36）《软土固化剂》（CJ/T 526）。

（37）《绿化种植土壤》（CJ/T 340）。

（38）《水质 总有机碳的测定 燃烧氧化-非分散红外吸收法》（HJ 501）。

（39）《土壤和沉积物 铜、锌、铅、镍、铬的测定 火焰原子吸收分光光度法》（HJ 491）。

（40）《固体废物再生利用污染防治技术导则》（HJ 1091）。

（41）《固体废物处理处置工程技术导则》（HJ 2035）。

（42）《生活垃圾填埋场渗滤液处理工程技术规范（试行）》（HJ 564）。

（43）《水质 氨氮的测定 纳氏试剂分光光度法》（HJ 535）。

（44）《水质 总氮的测定 碱性过硫酸钾消解紫外分光光度法》（HJ 636）。

（45）《土壤和沉积物 多环芳烃的测定 气相色谱-质谱法》（HJ 805）。

（46）《土壤和沉积物 挥发性有机物的测定 吹扫捕集/气相色谱-质谱法》（HJ 605）。

（47）《疏浚与吹填工程技术规范》（SL 17）。

（48）《水利水电建设工程验收规程》（SL 223）。

（49）《土壤全氮测定法（半微量开氏法）》（NY/T 53）。

（50）《疏浚与吹填工程设计规范》（JTS 181-5）。

（51）《城市河湖环保清淤及底泥处理处置技术规程》（征求意见稿）（DBJ 15）。

（52）《城市河湖水环境治理 污染底泥清淤工程施工规范》（Q/PWEG C04-1）。

1.4 总体要求

牢固树立"绿水青山就是金山银山"的理念，坚持保护优先、自然恢复为主的方针，统筹经济社会发展和湖泊生态环境保护，以促进经济发展、实现人民对美好生活的向往为目标，湖泊清淤及底泥处理处置应坚持"确有需要、生态安全、可以持续"的原则，按照重点区域重点清淤、重点处理处置的要求，以污染底泥有效去除、水质改善、生态修复为目的。在设计和组织实施湖泊清淤和底泥处理处置时，应同时考虑与其他相关工程措施的协调和配合，综合研究，统筹融合，兼顾工程效益与投资。湖泊清淤与底泥安全处理处置并重，避免重清淤、轻处理处置，为湖泊生态恢复创造良好条件。

第 2 章 术语和定义

2.0.1 底泥 sediment

底泥是指经过长时间物理、化学及生物等作用及水体传输而沉积于水体底部所形成的物质，通常是黏土、泥砂、有机质及各种矿物的混合物。

2.0.2 清淤 dredging

清淤是指以水质或库容提升为目的，采取工程措施对水体中的污染底泥进行清理，以减少内源污染，为水生态系统的恢复创造条件。

2.0.3 处理 treatment

处理是指通过物理、化学、生物等方法，使固体废物转化为适合于运输、贮存、利用和处置的物质的活动。

2.0.4 余土 treated soil

余土是指底泥经处理后产生的固体混合物。

2.0.5 余水 treated water

余水是指底泥处理工艺过程中排放的水。

2.0.6 处置 disposal

处置是指将固体废物焚烧和用其他改变固体废物的物理、化学、生物特性的方法，减少已产生的固体废物数量、缩小固体废物体积、减少或者消除其危险成分，或者将固体废物最终置于符合环境保护规定的填埋场的活动。

2.0.7 利用 recycle

利用是指从固体废物中提取物质作为原材料或者燃料的活动。

2.0.8 土地利用 land application

土地利用是指利用底泥本身具备的部分营养成分,将其直接利用或间接转化用作土壤改良剂的过程。

2.0.9 工程利用 engineering application

工程利用是指利用底泥本身具备的土壤成分,将其转化为工程材料的过程。底泥工程利用的主要形式包括将底泥转化为港口、公路、铁路、机场等工程的填土。

2.0.10 建材利用 building materials application

建材利用是指利用底泥直接替代传统建筑材料生产原料,或将其转化为建筑材料生产原料来生产建材的过程。底泥建材利用的主要形式包括利用底泥生产陶粒、烧结砖、蒸压灰砂制品、水泥等。

2.0.11 热处理 thermal treatment

热处理是指以高温使有机物分解并深度氧化而改变其物理、化学或生物特性和组成的处理技术。

2.0.12 焚烧 incineration

焚烧是指以一定量的过剩空气与被处理的有机废物在焚烧炉内进行氧化燃烧反应,废物中的有毒有害物质在高温下氧化、热解而被破坏的高温热处理技术。

2.0.13 热解 pyrolysis

热解是指固体废物在无氧或缺氧的条件下,高温分解成燃气、燃油等物质的过程。

2.0.14 填埋 landfill

填埋是指按照工程理论和土工标准将固体废物掩埋覆盖,并使其稳定化的处置方法。

2.0.15 脱水 dehydration

脱水是指通过物理或化学方式排出淤泥内的水分，从而降低淤泥流动度的处理过程。

2.0.16 固结 consolidation

固结是指在荷载或其他因素作用下促使淤泥孔隙中的水分逐渐排出、体积压缩、密度增大的处理过程。

2.0.17 固化 solidification

固化是指通过物理、化学或生物方法，使松软的高含水率底泥转变成具有一定力学强度且避免造成二次污染的底泥的处理过程。

2.0.18 固化剂 solidifier

固化剂是指与底泥混合后可通过产生一系列物理或化学反应来明显提高底泥力学强度，并降低底泥含水率的药剂。固化剂根据物理状态可分为粉体固化剂和液体固化剂两类。

2.0.19 絮凝剂 flocculating agent

絮凝剂是指与底泥浆体混合后可通过吸附、桥架、交联等作用促使泥浆中的细小颗粒形成大的团聚体，进而发生沉淀作用，实现泥浆固液分离的药剂。絮凝剂根据化学成分可分为无机絮凝剂和有机絮凝剂两类。

2.0.20 稳定化 stabilization

稳定化是指通过物理、化学或生物方法改变底泥中污染物的有效性，使其转变成不易溶解、迁移能力更低和毒性更小的物质。

第 3 章 勘测与污染状况调查评价

3.1 一般规定

湖泊底泥勘测应包括工程区地形测量、地质勘察、水土测试等内容。

湖泊现状调查应收集湖泊汇水范围内自然环境、社会环境、水环境、水生态、水文地质等方面的基础资料、相关规划资料、历史监测资料及文献资料。

湖泊现状调查评价内容应包括湖泊地貌、水体水质、水文水资源、水生生物状况、底泥污染状况等，了解湖泊生态环境现状，分析主要存在的环境问题。

湖泊清淤前应对底泥进行物理、化学性质调查，了解底泥的物理力学性质，物理状态，营养盐、重金属及有毒有害有机污染物的含量与分布特征；评估底泥污染的程度、污染层厚度及污染的主要来源。

3.2 资料收集与分析

资料收集旨在了解待清淤湖泊及区域基本背景，为调查和清淤工作提供基础资料支撑。所需收集的资料具体如下。

（1）区域自然背景资料：拟清淤湖泊所属流域、市的自然地理概况，水系流域范围，水质断面、周围土壤及地下水环境质量现状，与周围自然保护区和水源地保护区的位置关系，周边交通状况、居民点分布情况、土地利用方式分布情况，岸边是否有可供临时处置底泥的场地等。

（2）湖泊利用及规划管理资料：拟清淤湖泊的利用现状航拍或遥感影像、政府规划资料及历史资料、湖泊内养殖状况、水环境功能区划情况等。

（3）周围污染源资料：拟清淤湖泊周边企业基本概况、生产工艺、年产量、化学品储存及使用清单、泄漏记录、废物管理记录、环境监测记录、环境影响报告书或表、出水浓度检测记录、出水口位置，是否存在环境敏感点；周围居民区人口及分布情况、生活污水排放量、生活污水处理厂分布情况等；周围农业灌溉用水量、农业用地面积及面源污染情况等。

（4）湖泊水文环境特征资料：拟清淤湖泊宽、深、径流量、补给方式、水位、含沙量、透明度、已有水质监测数据等。

（5）湖泊底泥特征资料：拟清淤湖泊底泥厚度、主要组成成分、颜色、气味等。

（6）其他资料：跨湖基础设施，湖泊通航情况，湖泊的渔业资源、生态红线、种质资源保护等。

分析以上资料，初步形成采样点位信息图。

3.3 现场查勘

3.3.1 基本要求

湖泊清淤工程的现场查勘应为工程的设计提供可靠的依据。查勘时，应调查湖泊相关水系及建筑物、污泥堆场及沉淀池地形地貌，重点工厂企业、居民生活区等基本情况；预评估环境影响；查验施工条件；收集相关方意见。

3.3.2 水系情况查勘

水系情况查勘内容主要包括：湖泊的地理位置、流域范围、湖面面积、地形地貌、气候气象等；湖泊的径流量、补给方式、水位、入湖支流及流量、含沙量、透明度、矿化度、盐度；湖泊监测断面基本信息、水体污染来源、污染物类型、污染物浓度、污染物分布、富营养化情况等。

3.3.3 生产生活情况查勘

生产生活情况查勘内容主要包括：湖泊内及周边养殖状况；湖泊周边交通状况、居民点分布情况、土地利用方式、环境敏感点；湖泊流域范围内的自然保护区和水源地保护区等。

3.3.4 施工条件查勘

施工单位应对入湖口所在地的水文气象、交通航运、施工补给和施工障碍等施工条件进行调查。

水文气象条件调查包括：入湖口水位、流速等水情资料，降雨量、风频、风速、水面能见度、冰冻等气象资料。

交通航运条件调查包括：当地海事、航运部门的相关规定，入湖口附近航道、码头、避风港等情况。

施工补给条件调查包括：工程所在地燃油、生活用水、施工用电等供应能力和设备维修服务能力。

施工障碍条件调查包括：沉船、网箔、管路、线缆等水下障碍物情况；跨河建筑物、跨河线路等上部障碍物情况。

3.3.5 相关方意见收集

在调查过程中需征集当地居民、政府部门、周边企业等相关方意见，进一步确定入河湖排口与污染源资料（包括入河湖排口名称、设置单位名称、排入河湖的水体、水中污染物的类型、地理位置、污水性质、主要污染物总量、监测情况、相关排污企业等）及湖泊底泥特征资料（包括湖泊底泥污染来源、污染物类型、污染物含量、污染物分布情况、底泥污染等级及污染层厚度等）。

3.4 生态环境调查

湖泊生态环境调查包括水环境（水质、底泥和污染物）调查和水生态（浮游植物、高等植物、浮游动物、底栖动物等）调查等。

3.4.1 水质调查

在湖泊中布设水环境和水生生物采样点，对水质逐月采集表、底层混合水样进行分析，监测项目有：水温、SD（透明度）、Eh（氧化还原电位）、pH 值、COD_{Mn}（高锰酸盐指数）、SS（悬浮物）、NH_3-N（氨氮）、NO_2-N（亚硝态氮）、NO_3-N（硝态氮）、TN（总氮）、TP（总磷）、DTP（dissolved total phosphorus，溶解性总磷）、SRP（solubility reactive phosphorus，溶解反应性磷）、Chl-a（叶绿素 a）共 14 项。测定按照《地表水环境质量标准》（GB 3838—2002）进行。

3.4.2 底泥调查

底泥调查按照现行行业标准《水环境监测规范》(SL 219) 执行，采样点数量、采样点布设、采样频率应根据具体情况增减。采样点宜覆盖整个水域。调查湖泊、河流等陆地水体底泥状况时，可采集表层底泥样品。当底泥分布不清时，采样点应均匀网状布点。排污口附近应适当加密采样点，点间距宜为 20 m。湖泊（或水库、坑塘）的底泥采样，在进出湖泊的水道上应设置控制断面进行采样。在水体流入湖泊的主要入口附近应增加采样点和采样频率。底泥污染调查应结合水体特征选取有代表性的地点或断面进行测量及取样监测，对于污染底泥分布集中处、水体交汇处、转弯处、水断面突变处及排水口等处的上下游应加密测量及取样。采集底泥时除应记录采集位置、采样点附近的地形、水流流速、水流流向、采样方法（所用采泥器的型号、名称）、底泥情况（区分堆积物、砂、泥等）外，还应记录底泥温度、颜色、气味、外观（特别是底泥表面有无氧化膜及氧化膜厚度）等，样品宜尽快地进行分析，分析前应低温密封保存。底泥泥质调查应监测底泥 pH 值，铅、铬、镉、锌、铜、砷、镍和汞等重金属含量，有机物含量，硫化物含量，含水率以及氮、磷释放量。

3.4.3 水生植物及浮游动物调查

水生植物调查重点关注湖泊中浮游植物和高等植物。采样点一般应布设在水体的进水口、出水口、中心区域等位置。采样点的数量则视水体大小和具体情况而定，应能够全面反映该水体的水环境状况。采样频率应根据具体情况增减。主要测定指标为生物量、优势种、多样性指数、完整性指数。

浮游动物调查分析方法按照《湖泊富营养化调查规范（第二版）》进行，调查项目主要是后生浮游动物，如轮虫、枝角类和桡足类。定性分析样品用浮游动物网作拖网采集；定量分析标本从表层和底层各取水样，混匀后用浮游动物网（孔径 67 μm）过滤、经 5%甲醛溶液固定后，进行种类鉴定和计数。定量分析样品利用采泥器采样，现场滤除泥水，剩余物带回试验室置于白瓷盘中挑出活体，样本以 8%甲醛溶液固定后，鉴定、测算生物量。

最后，可根据 Shannon-Weaver 多样性指数（H）、绿藻指数和浮游植物综合指数等评价湖体污染程度和富营养状态。Shannon-Weaver 多样性指数（H）计算公式见式（3.4-1）。

$$H = -\sum_{i=1}^{S} \frac{n_i}{N} \log_2 \frac{n_i}{N} \tag{3.4-1}$$

式中：S——样品中动物的种类数；

n_i——第 i 种动物的个体数，即物种密度，个/L；

N——样品中动物的总个体数，个/L。

H 与水质的关系为：$H > 3.0$，水质为清洁；$H = 1.0$~3.0，水质为中度污染；$H < 1.0$，水质为重污染。

3.5 测量

湖泊清淤及底泥处理测量内容包括基本控制测量（平面控制测量、高程控制测量）、湖泊地形测量、湖岸断面测量。

3.5.1 平面控制测量

3.5.1.1 基本要求

（1）平面坐标系统应采用现行国家坐标系统——2000 国家大地坐标系，若采用其他坐标系统，应与国家坐标系统进行联测，建立转换关系。

（2）边远地区且与国家现行控制点联测困难时，可采用独立平面坐标系统。在已有平面坐标系统的地区，可沿用已有的平面坐标系统，并提供该坐标系统与现行国家坐标系统的转换关系。

（3）同一工程不同设计阶段的测量工作，宜采用同一平面坐标系统。

（4）平面坐标系统应采用高斯投影平面直角坐标系，投影分带应符合表 3.5-1 的规定。

表 3.5-1 投影分带

测图比例尺	投影分带
1∶500~1∶5000	1.5°或 3°
1∶5000~1∶10000	3°

（5）一个测区应采用同一坐标系。对于大比例尺地形测绘，投影长度变形值不应大于 5 cm/km。

（6）在采用国家坐标系统或原坐标系统，投影长度变形值不满足要求时，应进行换算或采用独立坐标系统。

（7）独立坐标系统的建立，可采用任意投影分带的高斯投影平面直角坐标系。投影面可采用国家高程基准面、主要测区的平均高程面或测区抵偿高程面。

（8）平面控制可分为基本平面控制、图根平面控制和测站点平面控制等，可采用 GNSS 测量、三角形网测量和导线（网）测量等方法。湖泊平面控制首选 GNSS 测量方法。

（9）基本平面控制测量可划分为二等、三等、四等、五等 4 个等级，各等级均可作为测区的首级控制，其布设层次和精度要求应符合表 3.5-2 的规定。

表 3.5-2 平面控制布设层次和精度要求

平面控制布设层次	测图比例尺		精度要求（图上）/mm
	1∶500	1∶1000、1∶2000、1∶5000、1∶10000	
基本平面控制	二等、三等、四等、五等		基本平面控制最弱相邻点点位允许中误差为±0.05
图根（像控点）平面控制	一级	一级	最末级图根点对于邻近基本平面控制点的点位允许中误差为±0.1
		二级	
测站点平面控制	测站	测站	测站点对于邻近图根点的点位允许中误差为±0.2

注：① 当进行 1∶500 比例尺测图时，其二等、三等、四等、五等基本平面控制最弱相邻点点位允许中误差为±5 cm；

② 条件有利时，可在基本平面控制的基础上直接加密测站点测图，较小测区还可用图根控制作为首级控制；

③ 在满足《水利水电工程测量规范》（SL 197—2013）精度指标的前提下，可逐级或越级布网。

（10）湖泊平面基本控制测量等级不应低于四等。

（11）平面控制测量内业计算数字取位应符合表 3.5-3 的规定。

表 3.5-3 平面控制测量内业计算数字取位要求

等级	观测方向值及各项修正数/(″)	边长观测值及各项修正数/m	边长与坐标/m	方位角/(″)
二至四等	0.1	0.001	0.001	0.1
五等	1	0.001	0.001	1
图根	1	0.001	0.01	1

3.5.1.2 GNSS 测量

（1）GNSS 测量控制网按精度可划分为五个等级，各等级控制网的相邻点间距及精度要求应按表 3.5-4 的规定执行。

表 3.5-4 GNSS 测量控制网精度分级及相邻点间距规定

等级	相邻点平均间距/km	固定误差 a/mm	比例误差 b/(mm/km)	最弱相邻点边长相对中误差
二等	8~13	≤10	≤2	1/150000
三等	4~8	≤10	≤5	1/80000
四等	2~4	≤10	≤10	1/40000
五等	0.5~2	≤10	≤20	1/20000
图根	0.2~1	≤10	≤20	1/4000

（2）GNSS 网的设计应满足下列要求。

① 各等级 GNSS 网可布设成多边形或附合路线，其相邻点最小距离不宜小于平均间距的 1/3，最大距离不宜大于平均间距的 3 倍。

② 新建 GNSS 网与原有控制网联测时，其联测点数不宜少于 3 点，分布宜均匀。在需用常规测量方法加密控制网的地区，GNSS 网点应成对布设，对点间相互通视。

③ 基线长度大于 20 km 时，应采用 GB/T 18314—2009 中 C 级 GPS（global

positioning system，全球定位系统）网的时段长度进行静态观测。

④ 二等、三等、四等 GNSS 控制网应采用网连式、边连式布网；五等、图根 GNSS 控制网可采用点连式布网。

⑤ GNSS 控制网由非同步基线构成的多边形闭合环或附合路线的边数应满足表 3.5-5 的规定。

表 3.5-5 GNSS 控制网非同步观测闭合环或附合路线边数规定

测量等级	二等	三等	四等	五等	图根
闭合环或附合路线的边数/条	≤6	≤8	≤8	≤10	≤10

3.5.1.3 控制点标石埋设

（1）每隔 5 km 埋设一对控制点标石，标石埋在地形开阔并且不易沉降的位置。

（2）平面控制点和高程控制点共用标石。

（3）控制点标石规格按照《水利水电工程测量规范》（SL 197—2013）的规定制作。

3.5.1.4 资料整理

平面控制测量工作完成后，应整理和提交下列资料:

① 技术设计书；

② 埋石点点之记；

③ 控制网展点图；

④ 原始记录资料；

⑤ 平面控制计算资料和控制成果表；

⑥ 各种测量仪器和工具的检验资料；

⑦ 技术总结报告；

⑧ 其他有关的资料。

3.5.2 高程控制测量

3.5.2.1 基本要求

（1）高程系统应采用现行国家高程系统——1985 国家高程基准，流域重点防洪区域也可采用原有高程基准。

（2）边远地区且与国家现行水准点联测困难时，可采用独立高程系统。在已有高程系统的地区，可沿用已有的高程系统，并提供该高程系统与现行国家高程系统的转换关系。

（3）同一工程不同设计阶段的测量工作，宜采用同一高程系统。

（4）高程控制可分为基本高程控制、图根高程控制和测站点高程控制，可采用水准测量、光电测距三角高程测量和 GNSS 高程测量等方法。高程控制网的布设层次及精度要求应符合表 3.5-6 的规定。

表 3.5-6 高程控制网的布设层次及精度要求

高程控制等级		布设层次			精度要求
		$h=0.5\ m$	$h=1.0\ m$	$h \geqslant 2.0\ m$	
基本高程控制	二等	二等水准			最弱点高程允许中误差为 $\pm h/20$；当 $h=0.5\ m$ 时，允许中误差为 $\pm h/16$
	三等	三等、四等、五等水准 三等、四等、五等光电测距三角高程 五等及以上等级 GNSS 高程			
	四等				
	五等				
图根高程控制		一级		一级	最后一次加密的高程控制点对邻近基本高程控制点的高程允许中误差为 $\pm h/10$，且最大不应大于 $\pm 0.5\ m$
				二级	
测站点高程控制		测站		测站	测站点高程对邻近图根高程控制点的高程允许中误差为 $\pm h/6$

注：h 为地形图的基本等高距，m。

（5）湖泊高程基本控制测量等级不应低于四等，测量方式宜采用水准测量或光电测距三角高程测量；图根及测站点高程控制宜采用 GNSS 高程测量。

（6）首级高程控制网的等级，应在已有高程控制网的基础上，根据工程规模、控制网用途和精度要求合理选择。首级高程控制网宜布设成附合路线、闭合环、结点网。

（7）高程控制路线应选择已有的高等级水准点作为起算点。

（8）高程控制测量计算小数位的取位应符合表 3.5-7 的规定。

表 3.5-7 高程控制测量计算小数位的取位

等级	往测、返测距离总和/km	往返测距离中数/km	光电测距边长/mm	天顶距/(″)	各测站高差/mm	往（返）测高差总和/mm	往返测高差中数/mm	高程/mm
一等	0.01	0.1	—	—	0.01	0.01	0.1	0.1
二等	0.01	0.1	—	—	0.01	0.01	0.1	0.1
三等	0.01	0.1	1	0.1	0.1	0.1	1	1
四等	0.01	0.1	1	0.1	0.1	0.1	1	1
五等	0.01	0.1	1	1	1	1	1	1
图根	0.01	0.1	1	1	1	1	1	1

（9）高程控制点宜与平面控制点共用标石。

（10）水准标石埋设应经过一段时间的稳定期后方可进行高程控制测量外业观测。二等水准标石的稳定期：混凝土标石为一个雨季或冻解期；岩石标石为一个月。三至五等标石埋设后，观测的开始时间应由作业单位根据路线土质和作业季节自行决定。

3.5.2.2 水准测量

（1）一至五等水准测量路线长度不应超过表 3.5-8 的规定。

表 3.5-8 水准测量路线长度要求　　　　　　　　　　　　　　　单位：km

等级	一等	二等	三等		四等		五等	
测区情况	—	—	$h \geq 1.0$ m	$h = 0.5$ m	$h \geq 1.0$ m	$h = 0.5$ m	$h \geq 1.0$ m	$h = 0.5$ m
环线周长	1500	750	200	50	100	20	45	16
附合路线长度	—	450	150	50	80	20	45	16
支线长度	—	150	50	15	20	10	15	6
同级网中节点间距	—	—	70	15	30	6	15	5

（2）各等级水准测量的主要技术要求见表 3.5-9。

表 3.5-9 各等级水准测量的主要技术要求　　　　　　　　　　　单位：mm

等级	每千米高差中数中误差 /mm		检测已测测段高差之差	路线、区段、测段往返测高差不符值	左右路线高差不符值	附合路线或环线闭合差	山区水准路线区段、测段往返测高差不符值
	M_Δ	M_W					
一等	±0.45	±1.0	$3\sqrt{R}$	$1.8\sqrt{K}$	—	$2\sqrt{L}$	—
二等	±1.0	±2.0	$6\sqrt{R}$	$4\sqrt{K}$	—	$4\sqrt{L}$	—
三等	±3.0	±6.0	$20\sqrt{R}$	$12\sqrt{K}$	$8\sqrt{K}$	$12\sqrt{L}$	$4\sqrt{n}$ 或 $15\sqrt{L}$
四等	±5.0	±10.0	$30\sqrt{R}$	$20\sqrt{K}$	$14\sqrt{K}$	$20\sqrt{L}$	$6\sqrt{n}$ 或 $25\sqrt{L}$
五等	±7.5	±15.0	$40\sqrt{R}$	$30\sqrt{K}$	$20\sqrt{K}$	$30\sqrt{L}$	$10\sqrt{n}$ 或 $40\sqrt{L}$

注：① M_Δ、M_W 分别为每千米高差中数偶然中误差和每千米高差中数全中误差，mm；
② R 为检测测段的长度，km；K 为路线、区段或测段长度，km；L 为附合路线或环线长度，km；n 为测站数；$R<1$ km 时按 1 km 计，$K<100$ m 时按 100 m 计；
③ "检测已测测段高差之差"的限差对单程检测和双程检测均适用；
④ 当每千米水准测量单程测站数 $n>16$ 站时，可按 n 计算高差不符值；
⑤ 水准环线由不同等级路线构成时，环线闭合差的限差应按各等级路线长度分别计算，然后取其平方和的平方根为限差。

（3）三、四等水准测量测站的视线长度（仪器至标尺距离）、前后视距差、视线高度、数字水准仪重复测量次数按表 3.5-10 的规定执行。使用 DS3 级以上的数字水准仪进行三、四等水准测量观测，其上述技术指标应不低于表 3.5-10 中 DS1、DS05 级光学水准仪的要求。

表 3.5-10　三、四等水准观测视线长度、前后视距差、视线高度的要求

等级	仪器类别	视线长度/m	前后视距差/m	任一测站上前后视距差累积/m	视线高度	数字水准仪重复测量次数/次
三等	DS3	≤75	≤2.0	≤5.0	三丝能读数	≥3
	DS1、DS05	≤100				
四等	DS3	≤100	≤3.0	≤10.0	三丝能读数	≥2
	DS1、DS05	≤150				

注：相位法数字水准仪重复测量次数可以为上表中数值减少一次。所有数字水准仪，在地面震动较大时，应暂时停止测量，直至震动消失，无法回避时应随时增加重复测量次数。

（4）四等水准测量往、返测每测站照准标尺顺序为：后后前前。

（5）三、四等水准测量的每一测站观测限差不应超过表 3.5-11 的规定。

表 3.5-11　三、四等水准测量的测站限差　　　　　　　　单位：mm

等级	观测方法	基、辅分划（黑红面）读数的差	基、辅分划（黑红面）所测高差的差	单程双转点法观测时，左右路线转点差	检测间歇点高差的差
三等	中丝读数法	2.0	3.0	—	3.0
	光学测微法	1.0	1.5	1.5	
四等	中丝读数法	3.0	5.0	4.0	5.0

注：① 使用双摆位自动安平水准仪观测时，不计算基、辅分划读数差；
② 对于数字水准仪，同一标尺两次观测所测高差的差执行基、辅分划所测高差之差的限差。

（6）三、四等水准测量按一般观测方法跨越江河时，最大视线长度不应大于 200 m，变换仪器高度观测两次，所测高差互差不应大于 7 mm，取两次结果的中数。若视线长度超过 200 m，其水准测量方法及适用的距离和观测测回数、限差应符合表 3.5-12 的规定。

表 3.5-12 三、四等水准路线跨河测量方法、适用范围和观测测回数、限差的规定

方法	等级	最大视线长度/m	单测回数	半测回观测组数	测回高差互差不大于/mm	备注
直接读尺法	三	300	2	—	8	测量方法按 GB/T 12898—2009 中 8.5 执行
	四	300	2	—	16	
光学测微法	三	500	4	—	$30s$	测量方法按 GB/T 12897—2006 中 8.6 执行
	四	1000	4	—	$50s$	
经纬仪倾角法或测距三角高程法	三	2000	8	3	$24\sqrt{s}$	测量方法按 GB/T 12897—2006 中 8.8 和 8.9 执行
	四	2000	8	3	$40\sqrt{s}$	

注：表中 s 为最大视线长度，单位为 km。

（7）每完成一条附合路线或闭合环线的测量，应对观测高差进行水准标尺长度误差和正常水准面不平行改正，然后计算附合路线或闭合环线差，并应符合表 3.5-9 中的限差规定。

（8）当构成水准网的水准环超过 20 个时，应按环线闭合差 W 计算每千米高差中数的全中误差 M_W，并应符合表 3.5-9 中的限差规定。每千米高差中数的全中误差 M_W 可按式（3.5-1）计算。

$$M_W = \sqrt{\frac{1}{N}\left[\frac{WW}{F}\right]} \qquad (3.5\text{-}1)$$

式中：W——经各项改正后的水准环闭合差，mm；

F——水准环线周长，km；

N——水准环数。

（9）水准网应进行严密平差并评定精度。

3.5.2.3 GNSS 高程测量

（1）GNSS 高程测量可采用 GNSS 高程拟合测量、RTK 高程测量、基于大地水准面精化模型的 GNSS 高程测量、GNSS 跨河高程测量等方法，各方法的适用范围见表 3.5-13。

表 3.5-13 GNSS 高程测量方法的适用范围

GNSS 高程测量方法	一等、二等、三等	四等	五等	图根	测站
GNSS 高程拟合测量	—	—	可	可	可
RTK 高程测量	—	—	—	可	可
基于大地水准面精化模型的 GNSS 高程测量	—	可	可	可	可
GNSS 跨河高程测量	可	可	可	可	可

（2）GNSS 拟合高程测量的主要技术要求应符合下列规定。

① GNSS 拟合高程测量宜与 GNSS 平面控制测量同时进行，也可单独进行。

② GNSS 网应与四等或四等以上的水准点联测。联测的 GNSS 点宜分布在测区的四周和中央。联测点数宜大于选用计算模型中未知参数个数的 1.5 倍，点间距宜小于 10 km。

③ 高差较大的地区，应按测区地形特征增加联测点数。

④ 地形趋势变化明显的大面积测区，宜采取分区拟合的方法。各分区间应有 2~3 个重合点。

⑤ GNSS 拟合高程测量宜选用固定误差不超过 10 mm、比例误差系数不超过 2 mm/km 的双频接收机，观测技术应按表 3.5-6 中的相应等级执行，观测时段数不应小于 1.6，时段长度根据测区实际情况适当延长；天线高应在观测前后各量测一次，较差小于 3 mm 时取其平均值作为最终高度。

（3）GNSS 拟合高程计算应符合下列规定。

① 充分利用当地的重力大地水准面模型或资料。

② 对联测的已知高程点进行可靠性检验，并剔除不合格点。

③ 地形平坦的小测区可采用平面拟合模型；地形起伏较大的大面积测区宜采用曲面拟合模型。

④ 对拟合高程模型应进行优化。

⑤ 拟合高程点不宜超出已知点所覆盖的范围。

3.5.2.4 资料整理

项目完成后,应整理和提交下列资料:

① 技术设计书;

② 埋石点点之记;

③ 高程控制网图;

④ 原始记录资料;

⑤ 高程控制计算资料和控制点成果表;

⑥ 各种测量仪器和工具的检验资料;

⑦ 技术总结报告;

⑧ 其他相关的资料。

3.5.3 湖泊地形测量

3.5.3.1 基本要求

(1)湖岸地形测量可采用全站仪、RTK、摄影测量(倾斜摄影)等测图方法;水下地形测量可采用 RTK+测深仪、测深杆、手持测深仪测量等方法。

(2)湖泊地形测量测图比例尺根据工程阶段可按表 3.5-14 确定。

表 3.5-14 测图比例尺

工程阶段	测图比例尺
规划和可行性研究	1:1000~1:2000
初步设计	1:500~1:1000
施工设计	1:200~1:1000
运营管理	1:500~1:2000

注:竣工测量测图比例尺应按施工测量要求进行。

(3)地形分类及地形图各项规定应符合下列要求。

① 地形分类应符合表 3.5-15 的规定。

表 3.5-15 地形分类

地形类别	图幅内的大部分地区	
	地面倾斜角/(°)	地面高程/m
平地	≤2	≤20
丘陵地	2~6	20~150
山地	6~25	—
高山地	>25	—

② 地形图基本等高距应按表 3.5-16 的规定选用。

表 3.5-16 地形图基本等高距

比例尺	基本等高距/m			
	平地	丘陵地	山地	高山地
1∶500	0.5	0.5	1.0	1.0
1∶1000	0.5 或 1.0	0.5 或 1.0	1.0	1.0 或 2.0
1∶2000	0.5 或 1.0	1.0	1.0 或 2.0	2.0
1∶5000	0.5 或 1.0	1.0 或 2.0	2.0 或 5.0	5.0
1∶10000	0.5 或 1.0	1.0 或 2.0	5.0	5.0 或 10.0

③ 1∶5000 和 1∶10000 比例尺地形图的分幅和编号，宜按《国家基本比例尺地形图分幅和编号》(GB/T 13989—2012) 执行；大比例尺地形图的分幅与编号宜按《国家基本比例尺地图图式 第 1 部分：1∶500　1∶1000　1∶2000 地形图图式》(GB/T 20257.1—2017) 执行。湖泊地形图宜采用正方形或矩形分幅并按测区顺序编号。

④ 地形图上地物点相对邻近图根点的平面位置允许中误差应按表 3.5-17 的规定执行。

表 3.5-17 地形图上地物点平面位置允许中误差

测图比例尺	平地、丘陵地（图上）/mm	山地、高山地（图上）/mm
1∶5000~1∶10000	±0.5	±0.75
1∶500~1∶2000	±0.6	±0.8

注：① 水下地形点的平面位置允许中误差可为规定值的 2 倍；
② 隐蔽困难地区地物点平面位置允许中误差可为规定值的 1.5 倍，但山地、高山地允许中误差为图上±1.0 mm。

⑤ 地形图图幅等高线高程允许中误差应按表 3.5-18 的规定执行。

表 3.5-18 地形图图幅等高线高程允许中误差

地形类别	平地	丘陵地	山地	高山地
图幅等高线高程允许中误差	±h/3	±h/2	±2h/3	±h

注：① h 为基本等高距，m；
② 图幅等高线高程允许中误差是依据图幅内均匀分布的检测点高程与相应图面等高线内插求得高程的差值算出的高程允许中误差；
③ 采用 10 m 基本等高距时，图幅等高线高程允许中误差为±5 m；
④ 森林等隐蔽困难地区图幅等高线高程允许中误差可为规定值的 1.5 倍；
⑤ 水下地形等高线高程允许中误差可为规定值的 2 倍。

⑥高程注记点对邻近图根高程控制点的高程允许中误差应按表 3.5-19 的规定执行。

表 3.5-19 高程注记点精度

测图比例尺	平地、丘陵地	山地、高山地
1∶500~1∶10000	±h/4	±h/3

注：① h 为基本等高距，m；
② 山地、高山地采用 10 m 等高距时，按 5 m 等高距精度要求执行。

（4）地形图高程注记点密度及注记取位应符合下列规定。

① 平地和丘陵地在图上每 100 cm² 内注记 10~20 个。

② 山地和高山地在图上每 100 cm² 内注记 8~15 个。

③ 高程数字的注记，除 0.5 m 等高距成图时注记至 0.01 m 外，其余均应注记至 0.1 m。

（5）数字地形图产品的数据分层及层名代码可参照《1∶500　1∶1000　1∶2000 外业数字测图规程》（GB/T 14912—2017）的规定执行。

（6）外业观测记录宜采用电子手簿或数据终端。

3.5.3.2 水下地形测量

（1）水下地形测量应包括定位测量和水深测量。测深定位点点位中误差限差、测深点深度中误差限差应按表 3.5-20、表 3.5-21 执行。

表 3.5-20 测深定位点点位中误差限差

测图比例尺	点位中误差限差（图上）/mm
1∶500~1∶2000	1.5
1∶5000~1∶10000	1.0

表 3.5-21 测深点深度中误差限差

水深范围/m	测深仪器或工具	流速/（m/s）	测深中误差限差/m
0~3	测深杆	—	±0.10
0~10	测深锤	<1	±0.15
1~10	测深仪	—	±0.15
10~20	测深仪或测深锤	<0.5	±0.20
>20	测深仪	—	±0.015H

注：① H 为水深，m；

② 当精度要求不高或作业困难时，测深点深度中误差限差可放宽 1 倍。

（2）水下地形测量宜采用 RTK 定位+测深仪测深的组合方式，并应按下列要求执行。

① 测深线布设应满足下列要求。

a. 测深计划线宜平行于水库或湖泊主坝轴线。测深计划线可布设成一簇平行线，也可布设成螺旋线或 45°斜线。

b. 测深计划线间距应符合表 3.5-22 的规定。

表 3.5-22 测深计划线间距

作业区域	一般水域（图上）/mm	重点水域（图上）/mm
河流、湖泊、水库	15~30	10~20
人工运河、渠道	15~25	8~15
入海口、海岸线海域	10~25	8~15

c. 测深检查线宜垂直于测深线，其长度不宜小于测深线总长度的 5%。相邻测段应布设一条重合测深线，不同时期的相邻测深段应布设两条重合测深线。

② 定位测量应满足下列要求。

a. 测深定位点间距为图上 10~30 mm，水下地形复杂或重点水域地区，测点适当加密。

b. 定位中心应与测深中心一致，其偏差不宜大于图上 0.3 mm，超限时应进行偏心改正。

c. 定位数据与测深数据应同步，否则应进行延时改正。

③ 水深测量应满足下列要求。

a. 测前测量船、水位站及定位站应校对时间，水位观测应在测前 10 min 开始，测后 10 min 结束。

b. 水深测量宜采用具有模拟记录功能的数字测深仪作业；测深仪换能器宜安装在距船头 1/3~1/2 船长处，静吃水深度以 0.3~0.8 m 为宜，安装精确度为 1 cm；当使用机动船测深时，应根据需要测定测深仪换能器动吃水改正数；此外，利用声速仪测定水深测区的声速，根据测区平均声速设定测深仪声速，并与检查板深度比对，确保测深的准确性。

c. 采用传统测深工具测深，0.1 m 分划的测深杆适用于流速小于 1 m/s、水深小于 5 m 的测区；手投测深锤适用于流速小于 1 m/s、水深小于 10 m 的测区。

④ 采用 RTK 定位时，测深结果可不进行波浪改正。

（3）水深测量应进行下列内业工作。

① 应用水深测量软件输入水位观测数据和其他改正数后，自动进行水位、动吃水及波浪等各项改正。采用常规模式测深的，用人工计算方法改正。

② 进行水深测量结果的合理性检查，剔除错误的水深点。当采用 RTK 定位时，应注意跳点的检查，如有跳点可修正，无法修正的应剔除。剔除数据不应大于 10%。

③ 根据航迹图决定测深线的取舍，并输入计算机。

④ 制定补测和重测方案。

⑤ 检校各项外业手簿，整理并装订成册。

（4）应用地形成图软件自动生成水下等高线，通过编辑、修改、圆滑等工序完成水下地形图的绘制。

（5）水下高程注记点的间距规定：中小比例尺成图为图上 1~2 cm，大比例尺成图为图上 1~3 cm，重要地方可加密水下高程注记点。

（6）水下地形图的分幅参见陆地地形图分幅方法。

3.5.3.3 水陆地形合并

水陆地形的合并、处理及成图应符合下列要求。

① 水下地形与湖岸地形合并于同一图块内，水下地形岸线部分与湖岸地形接合处应有 4 mm 的重叠；接合处的地物允许误差为地物允许中误差的 $\sqrt{2}$ 倍；接合处等高线允许误差为高程允许误差的 $\sqrt{2}$ 倍；接合处现状物不应改变其真实形状，地物的拼接不应产生变形。

② 陆地等高线、水边线用实线表示，水下等高线用虚线表示。

3.5.3.4 资料整理

湖泊地形测量工作完成后，应整理和提交下列资料：

① 技术设计书；

② 数字化地形图及索引图；

③ 各项测量记录、计算资料和成果表；

④ 技术总结报告。

3.5.4 湖岸断面测量

3.5.4.1 湖岸横断面测量

（1）湖岸横断面可采用 RTK、全站仪等与测深仪、测深工具配合进行测量，按常规模式或自动化模式作业。

（2）横断面测量应布设临时断面桩，可采用木桩和凿石。

（3）临时断面桩的施测按照第 3.5.2 节中有关图根控制测量的方法和精度要求执行。

（4）横断面间距按表 3.5-23 的规定执行。

表 3.5-23 横断面间距

阶段	测区条件	横断面间距/km
可行性研究	山区段	0.2~0.3
	平原段	0.2~0.5
初步设计	山区段	0.05~0.10
	平原段	0.05~0.20
施工设计	—	0.02~0.05
运营管理	重要设施段	0.02~0.05
	普通段	0.05~0.10

注：① 湖泊、河流或沟渠的出入口，跨湖桥桥墩，重要水工设施，拐弯处等位置应加测横断面；

② 竣工验收阶段横断面间距与施工设计阶段保持一致。

（5）横断面测量宽度：岸上测量宽度不小于 50 m，水下至少测至近湖岸深泓点以外 50 m；或由项目任务书明确。

（6）横断面测量应反映地形、地物情况；陆地平坦部分不大于 30 m，水下部分不大于 15 m，湖面较窄时，所测水深断面点不少于 3 个；地物轮廓的两端、坡度变换处、水边和水下深泓点均应测量。

（7）陆地断面测量平面位置允许中误差为地形图上 0.8 mm，水下断面测量不应低于 1∶2000 测图的位置精度。

（8）横断面点的高程精度应符合表 3.5-18、表 3.5-19 中地形点的相关规定。

（9）纵、横断面测量与制图比例尺应符合表 3.5-24 的规定。

表 3.5-24 纵、横断面测量与制图比例尺

阶段	图别	水平比例尺	竖直比例尺
规划、可行性研究	纵断面	1∶25000~1∶200000	1∶100~1∶1000
	横断面	1∶200~1∶2000	1∶100~1∶200
初步设计	纵断面	1∶10000~1∶100000	1∶100~1∶500
	横断面	1∶200~1∶2000	1∶100~1∶200
施工设计、运营管理	纵断面	1∶2000~1∶25000	1∶100~1∶200
	横断面	1∶100~1∶500	1∶100~1∶200

注：① 竣工验收阶段断面测量比例尺与施工设计阶段保持一致；
② 纵断面图水平比例尺，以 1/M×横断面间距≈图上 1 cm 为宜，M 指实际长度。

（10）一张图上绘制多条横断面时，应按里程的先后顺序，由左至右、由上往下排列；同一列中各断面的湖岸线中桩宜位于同一垂线上。

3.5.4.2 湖岸纵断面测量

（1）湖岸纵断面点及近湖岸深泓点可实测或利用现测的横断面图取点，湖底变化处应实测加密。规划、可行性研究阶段的纵断面可利用现测的水下地形图资料取点。湖岸线和纵断面里程可利用横断面坐标资料获取，也可在地形图上量取，用于量取的地形图比例尺不应小于 1∶10000。

（2）制作湖岸线纵断面成果表，纵断面成果表包括各横断面的桩号，深泓点高程，沿岸构筑物的桩号、名称、主要几何属性等。

（3）按照表 3.5-24 的规定或按项目规定的制图比例尺绘制纵断面图。

3.5.4.3 资料整理

湖岸断面测量工作完成后,应整理和提交下列资料:
① 技术设计书;
② 各项测量记录、计算手簿和控制测量、断面测量成果表;
③ 断面位置图、纵断面图、横断面图;
④ 技术总结报告。

3.6 地质勘察

3.6.1 基本要求

地质勘察除应符合《水利水电工程地质勘察规范》(GB 50487)和《疏浚与吹填工程技术规范》(SL 17)的规定外,还应符合本指南的相关要求。

3.6.2 工程地质测绘与调查

(1)收集地形图,区域地质资料,遥感图像,气象、水文资料;进行地形地貌调查,划分地貌单元,对不良地质现象进行调查。

(2)调查湖泊成因类型及沉积类型,划分湖泊的沉积亚相。根据湖泊洪水期、枯水期湖面的位置、水体深度及沉积特征,湖泊亚相一般分为滨湖亚相、浅湖亚相、深湖亚相、湖成三角洲亚相。湖泊亚相类型及基本特征见表3.6-1。

表 3.6-1 湖泊亚相类型及基本特征

亚相类型	基本特征
滨湖亚相	位于湖盆边缘,处于洪水期湖面与枯水期湖面之间的地带
浅湖亚相	处于枯水期湖面与波痕基准面之间的地带
深湖亚相	位于波痕基准面以下水体较深部位
湖成三角洲亚相	分布于河流入湖的河口处,平面上呈三角形或舌状,剖面上呈透镜体状的沉积体

注:对于小型湖泊,滨湖和浅湖沉积物特征差别不大时,可将滨湖亚相和浅湖亚相合称为滨浅湖亚相。

3.6.3 地质勘探

（1）地质勘探应查明清淤区、堆场区的地层结构，土体物理力学性质，堆场区地质条件、地基承载力、水文地质条件等。

（2）岩土的分类和现场试验应按《岩土工程勘察规范》（GB 50021）执行。淤泥性土是指在静水或缓慢的流水环境中沉积，天然含水率大于液限、天然孔隙比大于 1.0 的黏性土。淤泥性土可按表 3.6-2 分为淤泥质土、淤泥、流泥和浮泥。

表 3.6-2 淤泥性土的分类

土的名称	指标		土的名称	指标	
	孔隙比 e	含水率 $\omega/(\%)$		孔隙比 e	含水率 $\omega/(\%)$
淤泥质土	$1.0<e\leq1.5$	$36<\omega\leq55$	流泥	—	$85<\omega\leq150$
淤泥	$1.5<e\leq2.4$	$55<\omega\leq85$	浮泥	—	$\omega>150$

注：淤泥质土应根据塑性指数 I_p 按 GB 50021 再划分为淤泥质黏土和淤泥质粉质黏土。

（3）根据污染程度，湖泊底泥自上而下可分为污染底泥层、污染过渡底泥层、正常沉积泥层。

（4）勘探方法主要包括地质钻孔、静力触探、探坑、探井、探槽，应根据勘探目的，结合地形地质条件及施工条件合理选择。

（5）勘探点的布置应根据湖泊清淤设计要求、地形地貌条件及岩土层的复杂程度确定。不同的地貌单元及湖泊亚相均应由勘探剖面控制。勘探点间距可按表 3.6-3 确定。

表 3.6-3 勘探点间距　　　　　　　　　　　　　　　　　单位：m

地质条件	地形地貌		
	地形起伏大、地貌单元多	地形有起伏、地貌单元少	地形平坦、地貌单一
复杂	25	25~50	50~100
一般	25~50	50~100	100~200
简单	50~100	100~200	200~300

（6）清淤区勘探点深度应深入正常沉积层或设计清淤底高程以下不小于3.0 m，且应穿过淤泥性土层。堆场区勘探点深度应满足分析稳定、变形和渗漏的要求。控制性孔宜在原地面以下 6~10 m，一般性勘探点宜在原地面以下 3~5 m，且均应穿过软弱土层。

3.6.4 底泥采样

3.6.4.1 采样点位布设原则

（1）结合勘探点的布置分层连续采样。

（2）采样点位的布设要充分满足底泥污染状况调查的目的，并综合考虑水文条件、技术水平、采样可达性、监测周期等因素，优化点位布设，兼顾技术指标和投资费用。

（3）样品的采集要对整个调查区域底泥某项指标或多项指标有较好的代表性，可客观反映一定范围内底泥污染状况。

（4）同类型采样点位的设置条件应一致，并宜与历史采样点位一致。

（5）底泥的采样点位布设应综合考虑水文水质条件、主要监测断面、重要流入/流出河湖支流、重要闸坝等因素，以及工业布局、农业分布、人口聚集等社会经济特点，从整体出发合理布局，监测点之间相互协调。

3.6.4.2 点位布设技术路线

（1）采样点位底泥污染判定应按《土壤环境质量 农用地土壤污染风险管控标准(试行)》(GB 15618)中农用地土壤污染风险筛选值执行。

（2）若采样监测发现一般采样点位底泥受到污染，则应开展加密采样点位布设和监测，加密采样点位布设可根据二分法及网格布点方法实施；若采样监测发现一般采样点位底泥未受到污染，则无须开展下一阶段的加密采样点位布设。底泥污染物调查点位布设技术路线见图 3.6-1。

3.6.4.3 一般采样点位布设

（1）河流底泥一般采样点位布设应符合以下要求。

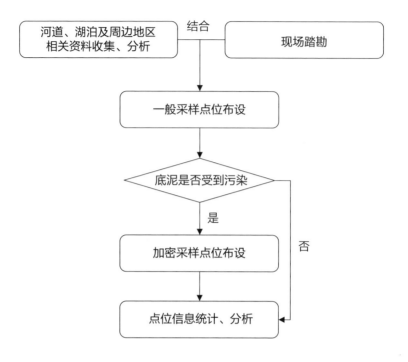

图 3.6-1　底泥污染物调查点位布设技术路线

① 在河流的国控、省控、市控、县控断面应布设采样断面。

② 在工业园区、环境风险源企业排放口下游 0.5 km、1.5 km 处应各布设 1 个采样断面。

③ 在居民聚集区、农业分布区、支流汇入处下游 0.5 km 内各布设 1 个采样断面。

④ 近 20 年发生污染事故的河段，于污染物汇入处布设 1 个采样断面，并在其下游 5 km 内等间距布设 2 个采样断面。

⑤ 河流沿线存在投饵网箱养殖、畜禽养殖的河段，应在疑似污染区域布设 1 个采样断面。

⑥ 河道周围存在疑似污染源时，应根据地表径流汇入方向在下游布设 1 个采样断面。

⑦ 同一采样断面上采样点位的位置及数量应符合《地表水和污水监测技术规范》(HJ/T 91) 的规定。

（2）湖泊底泥一般采样点位布设应符合以下要求。

① 湖泊内应采用网格布点设置监测垂线。大中型湖泊（面积不小于 100 km²）内采样点位数量应不少于 20 个；小型湖泊（面积小于 100 km²）内采样点位数量应不少于 10 个。

② 河流入湖泊口和出湖泊口处分别设置 1 个采样断面。

③ 污染源排放口汇入湖泊处应设置 1 个采样断面。

④ 底泥采样点位应位于水质采样点垂线的正下方，若正下方无法取样，则就近偏移且应符合《地表水和污水监测技术规范》（HJ/T 91）的规定。

3.6.4.4 加密采样点位布设

（1）河流底泥加密采样点位布设应符合以下要求。

① 一般采样点位受污染时，应在相应点位周边加密布设采样点位。

② 与受污染点位相邻的监测断面未发现污染点位时，应在两个采样断面之间按二分法加密布设监测断面；与受污染点位相邻的监测断面发现污染点位时，应在两个监测断面之间等间距加密布设监测断面。

③ 某一河段最上游一个点位属于污染点位，应向其河道上游方向等间距加密布设监测断面，追溯至上游未受污染的监测断面。

④ 某一河段的最下游一个点位属于污染点位，应向其河道下游方向等间距加密布设监测断面，追溯至下游未受污染的监测断面。

⑤ 可根据河道水文条件及调查目的，分批次加密布设监测断面，并通过采样分析确定受污染底泥的边界。河流底泥污染边界的断面误差原则上应不超过 500 m。

⑥ 同一断面上设置的采样点位位置及数量应符合《地表水和污水监测技术规范》（HJ/T 91）的规定。

（2）湖泊底泥加密采样点位布设应符合以下要求。

① 若在初始点位布设阶段发现点位受污染，应在相应的点位周边采用网格布点方法进行加密布点，一般按 100~200 m 的间距呈网格状或梅花状布设，不规则水域根据实际情况按上述间距确定原则布设。

② 若在初始点位布设阶段发现连续相邻点位受到污染（且有一定的围合区

域），可认为其围合区域内底泥为受污染区域，可不在该围合区域内进一步加密布设点位。

③ 可根据湖泊水文条件及底泥调查的目的，分批次进行湖泊的加密点位布设，并通过采样分析确定受污染底泥的边界，湖泊底泥污染边界的误差原则上应控制在网格密度 0.25 km² 以内。

④ 针对湖泊小区域、孤立区域布设的点位不得少于 3 个。

3.6.4.5 底泥垂向受污结构初步判定及样品采集

为更精准地判别底泥垂向受污特征，提高不同深度底泥分析测试准确性，需在样品采集过程中初步对底泥垂向受污结构进行记录分析，具体可采取以下方法。

（1）目视特征：肉眼可见的底泥形态学差异，包括颜色，水生植物根系，砾石，底泥结构体类型和大小，砖瓦、陶瓷等人造物及水生动物侵入体的数量等差异。

（2）触觉特征：手触可以感受到底泥质地、底泥结构体坚硬度或松紧度、土壤干湿情况的差异等。

（3）气味法：对所取的柱状底泥进行嗅闻，记录底泥垂向气味变化差异。

在野外对底泥剖面上述特征进行观察，划分出各个底泥受污层、过渡层及正常层，描述底泥垂向结构，并分别进行样品采集，为底泥化学分析及清淤深度范围的确定提供参考依据。

3.7 水土测试

3.7.1 采样样品要求

（1）一般使用柱状采样器采样，采样深度宜穿透污染层进入正常层。

（2）采样点位采集的样品分层后制成混合样进行检测，并分析底泥垂直污染特征。

3.7.2 分析测试项目

（1）底泥基本测试项目包括底泥层厚度、天然密度、天然含水率、土粒比重、颗粒级配、孔隙比、砂的相对密度、底泥颜色、底泥气味、pH 值、氧化还原电位、有机质、总氮、总磷和重金属等。其中重金属根据河湖污染现状，一般宜选择 Cu、Zn、Hg、As、Ni、Pb、Cd、Cr。

（2）底泥特定测试项目根据河湖污染源、历史上发生的重大污染事件等分析确定。

（3）对于存在大量产生 GB 5085.3 中 50 项危害成分项目中一项及一项以上污染源的河湖，应根据污染物迁移规律进行浸出毒性试验。

（4）上覆水水质分析应包括 pH 值、COD_{Cr}、BOD_5、SS、总磷、氨氮、总氮等。

3.8 底泥分析检测

3.8.1 样品处理

污染物种类繁多，底泥中不同污染物的样品处理方法及测定方法各异。同时要根据不同的监测要求和监测目的，选定样品处理方法。可参考《土壤环境质量 建设用地土壤污染风险管控标准(试行)》（GB 36600）、《土壤环境质量 农用地土壤污染风险管控标准(试行)》（GB 15618）中规定的样品处理方法，如果是《土壤环境质量 建设用地土壤污染风险管控标准(试行)》（GB 36600）、《土壤环境质量 农用地土壤污染风险管控标准(试行)》（GB 15618）中没有的项目或国家土壤测定方法标准中暂缺的项目，则可使用等效方法对样品进行处理。样品处理方法见第 3.8.2 节"分析方法"，按选用的分析方法进行样品处理。

底泥组成的复杂性和物理化学性状（pH 值、Eh 等）差异，造成重金属及其他污染物在底泥环境中形态的复杂性和多样性。金属不同形态的生理活性和毒性均有差异，其中以有效态和交换态的活性、毒性最大，残留态的活性、毒性最小，而其他结合态的活性、毒性居中。其分析和处理方法可以参考《土壤环境监测技术规范》（HJ/T 166）。

3.8.2 分析方法

（1）第一方法：参考《土壤环境质量 建设用地土壤污染风险管控标准(试行)》

（GB 36600）、《土壤环境质量 农用地土壤污染风险管控标准(试行)》(GB 15618)中选配的分析方法（表3.8-1）。

（2）第二方法：由权威部门规定或推荐的方法。

（3）第三方法：根据各地实情，自选等效方法，但应作标准样品验证或比对试验，其检出限、准确度、精密度不低于相应的通用方法要求水平或待测物准确定量的要求。

底泥监测项目及分析方法（第二方法和第三方法）汇总见表3.8-2。

表3.8-1 底泥监测项目及分析方法（第一方法）

监测项目	监测仪器	第一方法	方法来源
镉	原子吸收光谱仪	石墨炉原子吸收分光光度法	GB/T 17141
	原子吸收光谱仪	KI-MIBK萃取火焰原子吸收分光光度法	GB/T 17140
汞	测汞仪	冷原子吸收分光光度法	GB/T 17136
砷	分光光度计	二乙基二硫代氨基甲酸银分光光度法	GB/T 17134
	分光光度计	硼氢化钾-硝酸银分光光度法	GB/T 17135
铜	原子吸收光谱仪	火焰原子吸收分光光度法	GB/T 17138
铅	原子吸收光谱仪	石墨炉原子吸收分光光度法	GB/T 17141
	原子吸收光谱仪	KI-MIBK萃取火焰原子吸收分光光度法	GB/T 17140
铬	原子吸收光谱仪	火焰原子吸收分光光度法	HJ 491
锌	原子吸收光谱仪	火焰原子吸收分光光度法	GB/T 17138
镍	原子吸收光谱仪	火焰原子吸收分光光度法	GB/T 17139
六六六和滴滴涕	气相色谱仪	气相色谱法	GB/T 14550
六种多环芳烃	液相色谱仪	高效液相色谱法	HJ 478
稀土总量	分光光度计	对马尿酸偶氮氯膦分光光度法	NY/T 30
pH值	pH计	—	LY/T 1239
阳离子交换量	滴定仪	乙酸铵法	《土壤理化分析》，中国科学院南京土壤研究所编，上海科学技术出版社1978年出版

表 3.8-2 底泥监测项目及分析方法（第二方法和第三方法）

监测项目	推荐方法（第二方法）	等效方法（第三方法）
砷	COL	HG-AAS、HG-AFS、XRF
镉	GF-AAS	POL、ICP-MS
钴	AAS	GF-AAS、ICP-AES、ICP-MS
铬	AAS	GF-AAS、ICP-AES、XRF、ICP-MS
铜	AAS	GF-AAS、ICP-AES、XRF、ICP-MS
氟	ISE	
汞	HG-AAS	HG-AFS
锰	AAS	ICP-AES、INAA、ICP-MS
镍	AAS	GF-AAS、XRF、ICP-AES、ICP-MS
铅	GF-AAS	ICP-MS、XRF
硒	HG-AAS	HG-AFS、DAN 荧光、GC
钒	COL	ICP-AES、XRF、INAA、ICP-MS
锌	AAS	ICP-AES、XRF、INAA、ICP-MS
硫	COL	ICP-AES、ICP-MS
pH 值	ISE	
有机质	VOL	
PCBs、PAHs	LC、GC	
阳离子交换量	VOL	
VOC	GC、GC-MS	
SVOC	GC、GC-MS	
除草剂和杀虫剂	GC、GC-MS、LC	
POPs	GC、GC-MS、LC、LC-MS	

注：COL——分光比色法；HG-AAS——氢化物发生原子吸收法；HG-AFS——氢化物发生原子荧光法；XRF——X-荧光光谱分析法；GF-AAS——石墨炉原子吸收分光光度法；POL——催化极谱法；ICP-MS——等离子体质谱联用法；AAS——火焰原子吸收分光光度法；ICP-AES——等离子发射光谱法；ISE——选择性离子电极法；INAA——中子活化分析法；DAN 荧光——二氨基萘荧光法；GC——气相色谱法；VOL——容量法；LC——液相色谱法；GC-MS——气相色谱-质谱联用法；LC-MS——液相色谱-质谱联用法。

3.9 湖泊底泥现状评价

3.9.1 氮、磷污染评价

（1）单项污染指数法。

单项污染指数法适用于底泥中氮、磷的评价，计算公式见式（3.9-1）。

$$P_J = C_J / C_S \quad (3.9\text{-}1)$$

式中：P_J——单项评价指数或标准指数；

C_J——评价因子 J 的实测值；

C_S——评价因子 J 的背景值，宜以未受人类行为干扰（污染）和破坏时河湖底泥中实测值的平均值为背景值，常见氮含量的背景值为 1000 mg/kg，磷含量的背景值为 420 mg/kg。

参照表 3.9-1 和表 3.9-2 对底泥氮、磷污染程度进行分级。

表 3.9-1 底泥氮、磷污染程度分级（有背景值）

等级划分	评价指数		等级
1	$P_{TN} < 1$	$P_{TP} < 0.5$	清洁
2	$1 \leq P_{TN} < 1.5$	$0.5 \leq P_{TP} < 1$	轻度污染
3	$1.5 \leq P_{TN} < 2$	$1 \leq P_{TP} < 1.5$	中度污染
4	$P_{TN} \geq 2$	$P_{TP} \geq 1.5$	重度污染

表 3.9-2 底泥氮、磷污染程度分级（无背景值）

等级划分	含量/（mg/kg）		等级
1	$C_{TN} < 1000$	$C_{TP} < 420$	轻度污染
2	$1000 \leq C_{TN} \leq 2000$	$420 \leq C_{TP} \leq 640$	中度污染
3	$C_{TN} > 2000$	$C_{TP} > 640$	重度污染

（2）内梅罗综合污染指数法。

内梅罗综合污染指数法的计算公式见式（3.9-2）。

$$P_{i综} = \sqrt{\left(P_{i均}^2 + P_{i最大}^2\right)/2} \quad (3.9\text{-}2)$$

式中：$P_{i综}$——内梅罗综合污染指数；

$P_{i均}$——平均单项污染指数；

$P_{i最大}$——最大单项污染指数。

内罗梅综合污染评价分级标准见表 3.9-3。

表 3.9-3 内梅罗综合污染评价分级标准

污染等级	综合污染指数（$P_{i综}$）	污染评价
1	$P_{i综} \leq 0.7$	清洁（安全）
2	$0.7 < P_{i综} \leq 1.0$	尚清洁（警戒线）
3	$1.0 < P_{i综} \leq 2.0$	轻污染级（开始受污染）
4	$2.0 < P_{i综} \leq 3.0$	中污染级（受到中度污染）
5	$P_{i综} > 3.0$	重污染级（污染很严重）

（3）有机污染指数法。

有机污染指数法通过有机氮和有机指数来对湖泊底泥有机污染状况进行评价。有机指数用来评价湖泊沉积物的环境状况，有机氮则是衡量湖泊表层沉积物氮污染情况的重要指标。计算方法见式（3.9-3）~式（3.9-5）。

$$有机指数 = 有机碳（\%） \times 有机氮（\%） \quad (3.9\text{-}3)$$

$$有机氮（\%） = 总氮（\%） \times 0.95 \quad (3.9\text{-}4)$$

$$有机碳（\%） = 有机质（\%） / 1.724 \quad (3.9\text{-}5)$$

底泥有机氮、有机指数评价标准见表 3.9-4。

表 3.9-4 底泥有机氮、有机指数评价标准

等级	有机氮/（%）	有机指数	等级类型
1	<0.033	<0.05	清洁
2	0.033~0.066	0.05~0.20	轻度污染
3	0.066~0.133	0.20~0.50	中度污染
4	≥0.133	≥0.50	重度污染

3.9.2 重金属污染评价方法

（1）富集因子法。

富集系数（EF）计算公式见式（3.9-6）。

$$EF = \frac{(X_i/X_n)_{底泥}}{(X_i/X_n)_{背景值}} \quad (3.9\text{-}6)$$

式中：$(X_i/X_n)_{底泥}$——底泥样品中某一重金属元素 X_i 与参比元素 X_n 实测值的比值；

$(X_i/X_n)_{背景值}$——某一重金属元素 X_i 与参比元素 X_n 的背景值的比值。

一般常用的参比元素有 Al、Fe、Mn、Mg 和 Ca 等。富集因子的评价标准与等级水平见表 3.9-5。

表 3.9-5 富集因子、地累积指数和潜在生态风险指数的分级标准

富集因子法		等级	地累积指数法		潜在生态风险指数法			
EF	富集水平		I_{geo} 值	污染水平	E_r^i	生态风险程度（根据 E_r^i 值分级）	RI	生态风险程度（根据 RI 值分级）
EF<1	无富集	0	$I_{geo} \leq 0$	无污染	$E_r^i < 40$	低	RI<150	低
1≤EF<3	微富集	1	$0 < I_{geo} \leq 1$	轻度污染	$40 \leq E_r^i < 80$	中等	150≤RI<300	中等
3≤EF<5	中富集	2	$1 < I_{geo} \leq 2$	偏中污染	$80 \leq E_r^i < 160$	较重	300≤RI<600	较重
5≤EF<10	较重富集	3	$2 < I_{geo} \leq 3$	中度污染	$160 \leq E_r^i < 320$	重	600≤RI<1200	重
10≤EF<25	强富集	4	$3 < I_{geo} \leq 4$	偏重污染	$E_r^i \geq 320$	严重	RI≥1200	严重
25≤EF<50	很强富集	5	$4 < I_{geo} \leq 5$	重污染				
EF≥50	极强富集	6	$I_{geo} > 5$	严重污染				

（2）潜在生态风险指数法。

潜在生态风险指数法计算公式见式（3.9-7）~式（3.9-9）。

$$C_f^i = C_i / S_i \tag{3.9-7}$$

$$E_r^i = T_r^i \times C_f^i \tag{3.9-8}$$

$$RI = \sum_{i=1}^{m} E_r^i = \sum_{i=1}^{m} T_r^i \times \frac{C_i}{S_i} \tag{3.9-9}$$

式中：C_f^i——第 i 种重金属元素的污染系数；

C_i——所测样品中第 i 种重金属元素含量的实测值，mg/kg；

S_i——第 i 种重金属元素的地球化学背景值，mg/kg；

T_r^i——第 i 种重金属元素的毒性响应系数，其中 Cu、Pb、Zn、Cr、Cd 和 Ni 的 T_r^i 值分别为 5、5、1、2、30 和 5；

E_r^i——第 i 种重金属元素的潜在生态风险指数；

RI——m 种重金属元素的潜在生态风险指数之和。

潜在生态风险指数法分级标准见表 3.9-5。

（3）地累积指数法。

地累积指数（I_{geo}）的计算公式见式（3.9-10）。

$$I_{geo} = \log_2(C_i / 1.5 S_i) \tag{3.9-10}$$

式中：C_i——元素 i 在沉积物中的实测含量；

S_i——元素 i 的地球化学背景值，湖北省土壤背景值见表 3.9-6。

表 3.9-6 湖北省土壤背景值　　　　　　　　单位：mg/kg

重金属元素	Cd	Hg	As	Pb	Cr	Cu	Ni	Zn
背景值	0.17	0.08	12.3	26.7	86	30.7	37.3	83.6

I_{geo} 与重金属的污染水平关系见表 3.9-5。

3.9.3 有机污染评价

（1）熵值法。

熵值法是比较计算多环芳烃（PAHs）暴露浓度和毒性参考值的一种风险评价方法，计算公式见式（3.9-11）。

$$RQ = 暴露浓度 / TRV \quad (3.9\text{-}11)$$

式中：RQ——熵值；

暴露浓度——检测到的有机物浓度；

TRV——毒性参考值。

当 RQ>1 时，存在生态风险；当 RQ<1 时，生态风险较小。

（2）当量浓度法。

美国国家环境保护局公布的 16 种优先控制有机污染物 PAHs 中，苯并[a]芘（BaP）毒性、致癌性最强。PAHs 毒性当量浓度 TEQ_{PAHs} 计算公式见式（3.9-12）。

$$TEQ_{PAHs} = \sum (组分\ i\ 的浓度 \times 组分\ i\ 的毒性当量因子) \quad (3.9\text{-}12)$$

其中，萘（Nap）、苊（Ace）、苊烯（Acy）、芴（Flu）、菲（Phe）、蒽（Ant）、荧蒽（Fluo）、芘（Pyr）、苯并[a]蒽（BaA）、䓛（Chr）、苯并[b]荧蒽（BbF）、苯并[k]荧蒽（BkF）、苯并[a]芘、茚并[1,2,3-cd]芘（IcdP）、二苯并[a,h]蒽（DahA）和苯并[g,h,i]苝（BghiP）这 16 种多环芳烃相对于苯并[a]芘的毒性当量因子（toxic equivalency factor,TEF）分别为 0.001、0.001、0.001、0.001、0.001、0.01、0.001、0.001、0.1、0.01、0.1、0.1、1、0.1、5、0.01。

（3）风险质量标准法。

当土壤中污染物含量大于效应浓度区间低值（ERL）时，生态风险发生概率较小，一般小于 10%；当含量大于效应浓度区间中值（ERM）时，则生态风险发生概率较大，一般大于 50%；当含量为 ERL~ERM 时，生态风险发生概率为 10%~50%。12 种多环芳烃的 ERL 和 ERM 值见表 3.9-7。

表 3.9-7 PAHs 的质量评价基准　　　　　　　　单位：μg/kg

化合物	沉积物质量标准	
	ERL	ERM
Nap	160	2100
Acy	16	500
Ace	44	640
Flu	19	540
Phe	240	1500
Ant	85.3	1100
Fluo	600	5100
Pyr	665	2600
Chr	384	2800
BaA	261	1600
BaP	430	1600
DahA	63.4	260
总量	4022	40792

3.9.4 底泥评价结果的表征评价

由于底泥中各种污染物的来源、毒害效应、治理及回用方法均不相同，如果忽略不计协同作用和拮抗作用，彼此之间是不可替代的，需分别针对不同污染物评价底泥环境质量状况的不同方面。本指南采用单因子污染指数法表征调查点位的单项底泥污染物超标或累积情况，采用最大单因子污染指数法表征采样点位综合的超标或累积情况，这样表征便于识别环境问题，有针对性地采取相应的管理措施。

3.9.4.1 污染物的超标评价

单项污染物的超标评价采用单因子污染指数法，计算公式见式（3.9-13）。

$$P_i = C_i / S_i \qquad (3.9\text{-}13)$$

式中：P_i——污染物 i 的单因子污染指数；

C_i——污染物 i 的含量；

S_i——污染物 i 的评价标准。

多项污染物综合污染指数按单因子污染指数中的大值计。

根据 P_i 值的大小将底泥污染物超标情况分为 5 级（$P_i \leq 1.0$ 为未超标；$1.0 < P_i \leq 2.0$ 为轻微超标；$2.0 < P_i \leq 3.0$ 为轻度超标；$3.0 < P_i \leq 5.0$ 为中度超标；$P_i > 5.0$ 为重度超标）。每个评价项目统计不同超标程度的点位比例，如果点位能代表确切的面积，则统计面积比例。对某一点位，若存在多种污染物，按超标程度重的表征点位的超标等级。对某一点位，若有多种污染物检出，只要有一种污染物超标即认为该点位超标；所有污染物皆不超标，即认为该点位未超标。

3.9.4.2 污染物的累积性评价

单项污染物的累积性评价采用单因子累积指数法，计算公式见式（3.9-14）。

$$A_i = C_i / B_i \quad (3.9\text{-}14)$$

式中：A_i——污染物 i 的单因子累积指数；

C_i——污染物 i 的含量；

B_i——污染物 i 的背景值。

多项污染物综合累积指数按单因子累积指数中的大值计。

根据 A_i 值将土壤点位的污染物累积程度分为无明显累积和有明显累积。如果评价依据 B_i 采用区域背景值，因为区域背景值一般采用的是背景含量的 75%~95% 分位值，是偏上限的含量，所以以累积指数 1 为临界值；如果评价依据 B_i 为本底值，由于本底调查的数据量较少，考虑到采样的偶然性和分析测试的误差范围，超过本底值 50% 的含量数据很可能是采样测试的正常误差，所以此时则以累积指数 1.5 为临界值。如果两种评价方法得出的评价结果不一致，以较严格的结果作为结论。对某一点位，若有多种污染物累积，按累积程度重的表征点位的累积等级。如果点位能代表确切的面积，则统计面积比例。调查区整体的累积性评价以是否显著高于背景水平来描述累积情况。根据区域底泥累积性评价结果，如果方差分析显示调查样本显著高于同区域背景调查样本，则表明该污染物在底泥中有显著累积；否则，累积效应无统计学意义，视为无显著累积。

3.9.4.3 基于底泥回用类型的评价

（1）底泥回用为农用土壤环境质量评价。

根据点位单项污染物超标评价和累积性评价的结果，将底泥环境质量等级划分为 4 类，见表 3.9-8。

表 3.9-8 调查点位底泥环境质量等级划分

污染物	无明显累积	有明显累积
未超标	Ⅰ类	Ⅱ类
超标	Ⅲ类	Ⅳ类

Ⅰ类底泥是污染物既无明显累积又未超标的底泥，一般来讲应该是较好的底泥，土地利用上没有限制，但并不绝对排除极端情况的存在。如有证据表明底泥回用为农用土壤后某种农作物产量明显下降或农产品中污染物含量超过相关标准，底泥类别应调整为Ⅳ类，需要对其进行进一步的环境详查和风险评估。

Ⅱ类底泥是污染物有明显累积但未超标的底泥。未超标的底泥回用为农用土壤，在一般情况下对农产品的生产和品质是安全的，但也不排除极端情况。如果有数据证明底泥回用为农用土壤后农作物明显受到污染物危害，例如某种农作物产量明显下降或农产品中污染物含量超过相关标准，则底泥类别应调整为Ⅳ类。若无农作物受危害证据，但因污染物有明显累积，说明有外源污染物进入，基于土壤环境保护的反退化机制，各级政府部门应予以关注，查清并管控污染源，防止累积现象加重，以保护我国的土壤环境资源。

Ⅲ类底泥是污染物无明显累积但超标的底泥，应查明超标原因。Ⅲ类底泥一般属于高背景值地区，不是外来污染源造成的超标。但如果底泥回用为农用土壤有农作物明显受到污染物危害的证据，底泥类别应调整为Ⅳ类。

Ⅳ类底泥是污染物有明显累积和超标的底泥，应引起各级政府部门的极大关注，应及时启动调查与风险评价，确定是否需要修复，如需修复则需确定修复目标和修复方法等。

对底泥环境质量等级为Ⅲ类和Ⅳ类的区域,在回用过程中应确定需要关注的污染物,启动详细的底泥环境调查,依据相关法律和标准,对这两种类别的底泥开展有针对性的各类风险评估。风险评估的方法另行规定。对底泥环境质量等级为Ⅱ类的区域,也应提出应对措施,减少污染和危害。

(2)底泥回用于建设用地环境质量评价。

根据底泥回用于建设用地情景不同,将底泥再利用筛选值分为三级。

一级筛选值:应用于住宅、学校、医院、旅馆和相应服务设施等再利用情景的判定。

二级筛选值:应用于公园绿地、防护绿地、广场等再利用情景的判定。

三级筛选值:应用于工业、商业服务业、物流仓储、道路路基、生活垃圾填埋场每日覆土等再利用情景的判定。

从保护人体健康的角度出发,底泥中污染物筛选值根据相关规范取值,其中一级、二级、三级筛选值分别对应住宅用地、公园绿地、工业/商业服务业用地,见表3.9-9。

表3.9-9 污染场地土壤筛选值　　　　　　　　单位:mg/kg

序号	污染物	一级筛选值	二级筛选值	三级筛选值
无机污染物				
1	砷	20	20	20
2	铍	4	4	8
3	镉	8	9	150
4	铬	250	800	2500
5	铬(Ⅵ)	30	30	500
6	铜	600	700	10000
7	铅	400	400	1200
8	汞	10	10	14
9	镍	50	80	300
10	锌	3500	5000	10000
11	锡	3500	7000	10000

续表

序号	污染物	一级筛选值	二级筛选值	三级筛选值
12	氰化物	300	350	6000
13	氟化物	650	650	2000
14	石棉	7000	10000	10000
挥发性有机污染物				
15	二氯甲烷	12	21	18
16	苯	0.64	0.64	1.4
17	甲苯	850	1200	3300
18	乙苯	450	890	860
19	氯仿	0.22	0.22	0.5
20	溴仿	62	62	220
21	氯苯	41	93	64
22	四氯化碳	2	2.4	5.4
23	1,1-二氯乙烷	140	360	200
24	1,2-二氯乙烷	3.1	3.7	9.1
25	1,1,1-三氯乙烷	580	1300	980
26	1,1,2-三氯乙烷	0.5	0.5	15
27	1,1,2,2-四氯乙烷	1.6	6.8	6.8
28	三氯乙烯	7.5	9.5	9.2
29	四氯乙烯	4.6	6.7	12
30	二溴乙烯	0.19	0.23	1.4
31	苯乙烯	1200	2200	2700
32	二甲苯（总）	74	190	100
33	氯乙烯	0.25	0.3	1.7
34	氯甲烷	12	12	25
35	1,2-二氯乙烯（顺式）	43	150	390
36	1,2-二氯乙烯（反式）	150	240	360
37	1,1-二氯乙烯	43	100	61
38	1,2-二氯丙烷	5	5	50

续表

序号	污染物	一级筛选值	二级筛选值	三级筛选值
39	1,2,3-三氯丙烷	0.05	0.07	0.5
40	二溴氯甲烷	5	6	50
41	一溴二氯甲烷	6	8	70
半挥发性有机污染物				
42	六氯苯	0.2	0.3	1
43	苯胺	4	10	4
44	硝基苯	7	9	35
45	苯酚	80	200	90
46	2,4-二硝基甲苯	0.6	0.7	1
47	邻苯二甲酸二丁酯	750	1800	800
48	邻苯二甲酸二辛酯	13	25	30
49	邻苯二甲酸正辛酯	500	700	9000
50	萘	50	60	400
51	菲	5	6	40
52	蒽	50	60	400
53	荧蒽	50	60	400
54	芘	50	60	400
55	屈	50	60	400
56	芴	50	60	400
57	苯并[b]荧蒽	0.5	0.6	4
58	苯并[k]荧蒽	5	6	40
59	苯并[a]芘	0.2	0.3	0.4
60	茚并[1,2,3-cd]芘	0.2	0.6	4
61	苯并[g,h,i]芘	5	6	40
62	苯并[a]蒽	0.5	0.6	4
63	二苯并[a,h]蒽	0.05	0.06	0.4
64	2-氯酚	80	90	350
65	2,4-二氯酚	40	50	400
66	2,4-二硝基酚	25	35	450

续表

序号	污染物	一级筛选值	二级筛选值	三级筛选值
67	2-硝基酚	20	30	20
68	4-硝基酚	4	9	4
69	五氯酚	3	4	10
70	2,4,5-三氯酚	600	1600	700
71	2,4,6-三氯酚	35	40	50
72	4-甲酚	60	80	80
农药/多氯联苯及其他				
73	多氯联苯	0.2	0.2	1
74	二噁英类（PCDDs/PCDFs）	0.000002	0.000003	0.00002
75	α-六六六	0.2	0.2	0.3
76	β-六六六	0.2	0.2	0.7
77	δ-六六六	2	2	3
78	林丹（γ-六六六）	0.3	0.4	3
79	DDT（包括 o,p'-DDT 和 p,p'-DDT）	1	1	11
80	p,p'-DDE	1	1	11
81	p,p'-DDD	2	2	15
82	狄氏剂	0.02	0.03	0.2
83	艾氏剂	0.02	0.03	0.2
84	异狄氏剂	4	5	11
85	敌敌畏	1	1	9
86	乐果	2	3	35
87	总石油烃（脂肪族）：<C16	230	6000	620
88	总石油烃（脂肪族）：>C16	10000	10000	10000

（3）评价结论的不确定性分析。

① 由于底泥质地、有机质含量、阳离子交换量等特性会影响到底泥中污染物的活性，所以在同一底泥污染物含量水平下，底泥污染物表现出的毒性效应可能不同，而依据含量水平得出的结论有可能产生偏差。

② 污染物在底泥中存在的层次（表层和下层）、价态的不同也会影响其回用后对人或其他生物受体的暴露和毒性。

③ 不同类型的水生植物或者同类型但不同品种的水生植物对某些污染物的吸收和富集性能表现有很大差异，底泥回用方式的不同也会影响到对人体暴露的情景和方式，进而影响到对人体的毒性。

④ 分析测定方法也会带来不确定性，如样品前处理方法不同使得环境样品中污染物浸提的效率不同，不同仪器测定的检出限亦有很大差异等，这些都会影响环境样品中污染物含量的确定。

第 4 章 总体方案设计

4.1 一般规定

（1）湖泊清淤及底泥处理处置总体方案的设计主要是以工程区底泥调查结果为基础，利用底泥污染物的分类标准对底泥进行全面评估，同时结合水功能区划和水生生物评价，从经济可行性及生物安全性角度确定湖泊清淤及底泥处理处置方案。

（2）湖泊清淤与生态修复相结合时，清淤规模应为生态保护和生态修复提供有利条件。

（3）湖泊清淤规模确定后宜及时实施，当底泥污染状况发生变化后，应重新论证确定清淤规模。

4.2 清淤控制指标

4.2.1 清淤控制指标的选择

选择清淤控制指标时应重点考虑以下因素。

① 底泥污染特征。反映底泥污染特征、对工程区水质及富营养化有重大影响的指标是决定清淤范围和清淤顺序的主要因素。

② 代表性和可能性。清淤控制指标必须能够有效地体现底泥的基本特征信息，同时应有较多的实际调查资料和监测资料作为基础。

③ 功能性和安全性。清淤应确保湖泊功能的实现，并确保湖泊的各种功能不受到损害。应优先考虑重点功能区域，包括污染淤积严重区域、重要城市的供水水源地取水口、重点风景旅游区、现状和规划调水入湖区、对湖泊生态系统影

响大的湖区、鱼类繁殖场、水生植物基因库区、污染淤积严重的入湖（河）口及有特殊需要必须疏浚的地区。

4.2.2 清淤控制指标的取值

清淤控制指标主要包括底泥营养盐含量、底泥重金属潜在生态风险指数、底泥有机指数、底泥厚度、工程安全指标、清淤范围等。

① 底泥营养盐含量：工程区水体达到相应地表水标准或水体功能区划所要求的水质时底泥中的氮、磷含量。底泥营养盐含量会因河流疏浚控制值不同而有所不同。例如太湖底泥疏浚氮、磷控制范围为底泥中 TN$\geqslant$1627 mg/kg（$P_{TN}\geqslant$1.63），TP$\geqslant$625 mg/kg（$P_{TP}\geqslant$1.48），或者根据内梅罗综合污染指数法，底泥内梅罗综合污染指数大于 1.5 表示处于中度甚至重度污染等级。

② 工程区重金属污染底泥疏浚控制值为：重金属潜在生态风险指数 RI$\geqslant$300、单一污染物地累积指数不小于 3 或单一污染物潜在生态风险指数不小于 80。

③ 底泥有机指数 OI$\geqslant$0.2 为中度以上污染情况。

4.3 清淤规模

4.3.1 底泥清淤范围估算

先运用清淤控制指标对工程区进行评判，再结合水质功能区划来估算底泥清淤范围，具体步骤如下。

（1）对工程区底泥的有机指数进行空间插值分析，确定有机指数 OI$\geqslant$0.2（底泥清淤有机质控制值）的区域。

（2）对工程区底泥中总氮进行空间插值分析，确定总氮含量大于等于营养盐污染底泥清淤氮控制值的区域。

（3）对工程区底泥中总磷进行空间插值分析，确定总磷含量大于等于营养盐污染底泥清淤磷控制值的区域。

（4）对工程区底泥中重金属潜在生态风险指数进行分析，确定重金属潜在生态风险指数不小于 300 的区域。

（5）对使用有机质、总氮、总磷、重金属控制的区域进行叠加，控制区域为有机质、总氮、总磷和重金属所控制区域的并集。

（6）根据安全性控制指标，扣除水利工程实施、取水口以及重要渔业养殖场周围的安全规划保护区域（如太湖环保疏浚安全指标为：与太湖、太湖大堤等水利工程措施及养殖区的安全距离为 200 m，与水源地取水口的安全距离为 500 m）。

经过上述步骤得到的区域即污染底泥环保清淤范围。

对于水利航运要求的清淤项目，清淤范围还需结合湖泊水下地形勘察（详见第 3 章）结果确定。

4.3.2 底泥清淤深度估算

（1）环保清淤断面底高程应不低于湖底高程（根据行洪要求计算），且不宜高于过渡层顶高程；环保清淤厚度宜小于污染层和过渡层的总厚度。

（2）对营养盐污染区，确定清淤深度为总磷或总氮含量大于等于营养盐污染底泥清淤磷或氮控制值的深度。

（3）对重金属污染区，确定清淤深度为重金属潜在生态风险指数不小于 300 的深度。

（4）对营养盐或重金属复合污染区，清淤深度应综合考虑，取污染层深度较深者作为复合污染区的清淤深度。

对于水利航运要求的清淤项目，清淤深度还需结合湖泊水下地形勘察（详见第 3 章）结果确定。

4.4 底泥处理处置

（1）底泥进行处理处置前，若浸出毒性经鉴别为危险废物，应按国家现行相关规定进行处理处置。

（2）底泥处理应精细管理、源头减量、远近结合、统筹安排，并实施顺应环保、经济、安全、综合利用要求的全过程管理。依据城镇总体规划和生态环境保护规划相关要求，进行专项设计，科学制定处理方案，合理确定处理规模及处理工艺，确保处理效果。

（3）识别处理过程中存在的危险，明晰危害因素，制定相应的安全防护措施。

（4）底泥处理过程中产生的垃圾以及无害化处理产生的余土、余砂、余水的排放与利用，应满足本指南规定的项目和限值要求，并符合国家及地方环境保护相关规定。

（5）底泥处理过程应参照工程所在地固体废弃物管理条例，落实施工单位自查、项目业主巡查、第三方监督和监管部门督查的工作机制，收集和保存底泥处理过程中的相关资料，对处理各个环节进行严格的过程监测管控。

（6）严格执行底泥处理过程余水（含渗滤液）检验，根据处理过程目标要求确定污染物成分检验项目，检验结果符合相关指标要求，经验收后方可处置或排放。

（7）对于重金属污染湖泊底泥，可采取的底泥处置技术手段包括生产水泥、制备人工湿地基质填料及建筑填土。

（8）应对底泥处理处置环节影响区域进行环境评价。要求环保监测指标项目齐全、检测检验方法得当、数据记录完整，环境评价适宜科学。

4.5 水体稳定（余水）控制指标

余水排放应符合表 4.5-1 的规定。考虑到改善受纳水体水质或生态补水需要等，余水排放可提高执行标准。

表 4.5-1 余水排放标准

序号	受纳水体	执行标准
1	排入城镇景观用水、一般回用水	一级 A 标准
2	排入 GB 3838 地表水Ⅲ类水域（划定的饮用水水源保护区和游泳区除外）	一级 B 标准
3	排入 GB 3838 地表水Ⅳ、Ⅴ类水域	二级标准

注：表中执行标准应符合 GB 18918 中污染物控制项目及浓度限值的有关规定。

余水作为再生水资源用于农业、工业、市政等方面时，还应满足相应的用水水质要求。

第 5 章 清淤方案

5.1 一般规定

（1）清淤方案编制应遵循安全可靠、科学合理、经济实用的原则；应符合国家、湖北省有关工程建设和环境保护的法律、法规及规范性文件的要求。

（2）清淤方案编制应结合可行性研究报告、初步设计方案、湖泊自身与岸线周边情况综合考虑，充分论证清淤施工和淤泥输送过程中对湖泊及周边的影响，对影响范围、类型和控制方法予以评估。

5.2 清淤施工区划分

清淤施工区划分方式有很多，一般是以网格法划分。清淤施工区根据工程量、清淤面积、湖泊河道自然隔断、水下底泥污染情况等进行划分，划分的原则是便于施工、管理、检测及恢复水域功能。合适的区域划分便于施工、检测、分段验收和分段交付，对周边环境的影响小。

5.3 清淤方式

内陆湖泊、河道清淤方法主要有干塘清淤和水下清淤两种，且与传统的航道疏浚有所不同，具有以下特点。

（1）清淤深度浅，一般在 1 m 以内，属于薄层清淤。

（2）精度要求高，超深一般小于 0.2 m，超宽一般小于 2 m。

（3）文明施工要求高。

（4）方案选择和设计往往将环境因素作为重要的考量指标。

5.3.1 干塘清淤

干塘清淤指可通过在湖泊、河道施工段修筑临时围堰，将湖泊、河道水排干后进行清淤的方法，常用的两种方式为水力冲挖清淤和机械干挖清淤。

（1）干塘清淤的优点如下。

① 施工过程直观，清淤质量易于保证。

② 施工工艺、设备简单，便于操作。

③ 干塘清淤往往底泥含水率较低，在底泥转运和处理处置方面有成本优势。

（2）干塘清淤的缺点如下。

① 生产效率较低，作业不连续。

② 需要排干施工湖泊、河道内的水，影响通航、排涝。

③ 施工现场形象不如其他方法好，安全文明施工方面投入较大。

④ 受季节和天气影响较大，一般多用在干旱少雨的秋冬季节。

5.3.1.1 水力冲挖清淤

水力冲挖清淤是一种简便易行的施工方式，广泛应用于湖泊、河道清淤。水力冲挖清淤机组由高压水泵、水枪和泥浆泵组成。水力冲挖清淤施工过程：采用高压水枪模拟自然界水流冲刷原理，水流经水枪形成急射水流来切割、粉碎底泥使之液化为泥浆，流动的泥浆汇集到设置好的低洼区，由泥浆泵抽吸后经管道输送到处理处置场所。

水力冲挖清淤具有工艺简单、清淤彻底、操作便利、施工噪声小的特点，但由于需要排干湖泊、河道中的水，修筑临时围堰会增加一定的措施费用，且很多河道仅可在非汛期施工，作业时间受限制，施工过程易受天气影响。

5.3.1.2 机械干挖清淤

作业区水排干后，采用挖掘机直接对底泥进行开挖，挖出的淤泥直接由车辆外运至处理处置场所。

机械干挖清淤设备、技术简单，清淤的淤泥含水率低，清淤彻底，但施工现场噪声较大，淤泥开挖转运过程中极易外洒，现场形象不佳。目前机械干挖清淤的方式因其设备和工况特点往往与原位搅拌固化技术结合运用。

5.3.2 水下清淤

水下清淤的方式不同于干塘清淤，它是将清淤设备系统集成在船上，将清淤船作为施工平台在水面上操作清淤设备来开挖湖泊、河道底泥，再通过管道输送泥浆至处理处置场所，具有代表性的是耙吸挖泥船清淤、绞吸挖泥船清淤、抓斗挖泥船清淤。

水下清淤的特点是施工效率高、作业连续、机械化程度高、经济性好；施工作业均在封闭的环境中进行，对外界无过多影响；但由于清淤船自身尺寸特点，一般对作业水域的宽度和水深有一定的基本要求，在水深过浅、河道宽度过于狭窄的场合往往不适用。

近年来，在国内水环境治理业务蓬勃发展的背景下，行业内涌现出越来越多的适用于各类不同场景的新式清淤船，其中较有代表性的是通过改造绞刀头结构而形成的环保绞吸船。

5.3.2.1 耙吸挖泥船清淤

耙吸挖泥船是自航、自载式挖泥船，除了具有通常航行船舶的机具设备和各种设施，还有一整套用于耙吸挖泥的清淤机具和装载泥浆的船舱。耙吸挖泥船简要构造如图 5.3-1 所示。

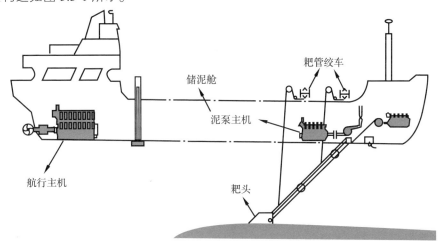

图 5.3-1　耙吸挖泥船简要构造

耙吸挖泥船耙头设有挖掘机具和水力吸泥装置。耙头通过耙臂与船本体相连，耙臂可作上下升降运动，其后端能放入水下一定深度，使耙头与水下底泥清淤的工作面相接触。船上的推进装置可使该船在航行中拖曳耙头前进，对水下底泥进行耙松和挖掘。泥泵的抽吸作用可使耙头从吸口吸入挖掘的底泥，底泥经吸泥管进入泥泵后被输送至挖泥船储泥舱，当储泥舱被装满后，则通过浮管将泥浆输送至处理处置场所。

耙吸挖泥船的特点是船舶可以自航，调遣十分方便，可以迅速转移至其他施工作业区。但耙吸挖泥船是在航行漂泊状态下作业的，往往较难控制清淤精度，容易超挖或欠挖。

5.3.2.2 绞吸挖泥船清淤

绞吸挖泥船清淤是水下清淤方式中应用最广泛的一种。绞吸挖泥船也是目前数量最多的一种船型。

绞吸挖泥船是用装在绞刀桥架前端的松土装置——绞刀头，将水底泥沙不断绞松，同时利用泥泵的真空和离心力作用，从吸口及吸泥管吸进泥浆，并通过管道输送到处理处置场所。绞吸挖泥船清淤的特点是挖泥和输送均连续作业，生产效率高。

绞吸挖泥船由船体、绞刀桥架、绞刀头、泥泵、定位装置（定位桩、缆绳）、排泥管等构成。绞吸挖泥船简要构造如图 5.3-2 所示。

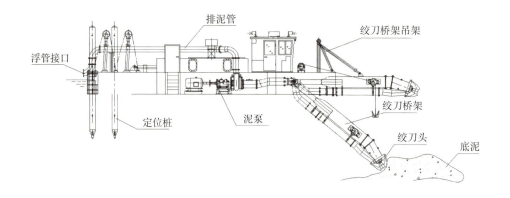

图 5.3-2　绞吸挖泥船简要构造

5.3.2.3 抓斗挖泥船清淤

抓斗挖泥船属于机械式挖泥船,在船上通过吊机,使用抓斗作为水下挖泥的机具。它依靠抓斗自由落体的重力作用,将抓斗放入水中一定深度,在抓斗插入底泥后闭合抓斗,以挖掘和抓取底泥,然后通过操纵船上旋转式起重机械,将装满底泥的抓斗提升出水面一定高度,回转至预设位置上方,开启抓斗,将抓斗内底泥倒入泥驳中。如此周而复始循环作业达到清淤的目的。抓斗挖泥船简要构造如图 5.3-3 所示。

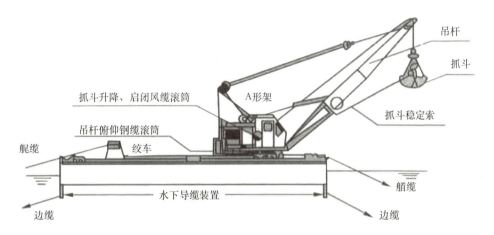

图 5.3-3　抓斗挖泥船简要构造

抓斗挖泥船结构简单,操作维护方便,造价低,但作业效率相对低于绞吸挖泥船、耙吸挖泥船,作业中对水体扰动较大,不适用于城市湖泊、河道的施工。

5.4　清淤工程量计算

湖泊、河道清淤工程量主要有网格法和平均断面法两种计算方式。清淤工程量一般以清淤前水下地形图、设计断面图,以及约定的因施工工艺和现场实际条件而必须考虑的超宽、超深、回淤情况综合计算。

5.4.1　网格法

网格法是将湖泊划分为若干具有一定尺寸的方格,并按设计高程和水下底泥高程确定清淤深度，进而求出每块方格中的清淤工程量。按水下底泥高程点间距划分网格时，网格形状可为正方形或长方形。

底泥工程量按式（5.4-1）、式（5.4-2）计算。

$$V = \sum V_{网格} \quad (5.4\text{-}1)$$

$$V_{网格} = S \frac{[(H_1+H_2+H_3+H_4)-(h_1+h_2+h_3+h_4)]}{4} \quad (5.4\text{-}2)$$

式中：V——总清淤工程量，m³；

$V_{网格}$——网格清淤工程量，m³；

S——网格面积，m²；

H_1，H_2，H_3，H_4——网格角点设计清淤后底泥高程，m；

h_1，h_2，h_3，h_4——网格角点清淤前底泥高程，m。

网格法计算工程量适用于湖泊、水库等水域面宽阔的场合，计算的精度取决于方格网划分的密度，一般情况下推荐划分成 20 m×20 m 的网格，也可根据实际水域面积适当调整网格密度。

5.4.2 平均断面法

平均断面法是将清淤湖泊划分为若干个断面，按设计高程确定设计断面，按底泥清淤前自然高程确定清淤前断面，以相邻断面间高程的均值和断面间距为参数进而求出清淤工程量。

底泥工程量按式（5.4-3）计算。

$$V = \frac{S_0+S_1}{2}L_1 + \frac{S_1+S_2}{2}L_2 + \cdots + \frac{S_{n-1}+S_n}{2}L_n \quad (5.4\text{-}3)$$

式中：V——清淤总工程量，m³；

S_0，S_1，S_2，…，S_{n-1}，S_n——断面清淤面积，m²；

L_1，L_2，…，L_n——断面间距，m。

平均断面法计算清淤工程量适用于河道、渠道等水域面狭长的场合，计算的精度取决于断面划分的密度。计算断面间距宜按测深线间距选取，清淤作业的起点、转折点、终点及地形变化较大的节点处应设计算断面。城市河道断面间距根据水下和岸线地形复杂程度确定，一般为 10~20 m。

第 6 章 清淤施工设计

6.1 一般规定

（1）清淤施工前应调查分析工程施工条件，包括工程区域有关河湖行洪调蓄、水域使用、工程建设、环保、土地使用、城管、港口码头、航道、道路等方面的规定；工程区域地下或架空线路、水下障碍物、污染物、水源保护区、生态保护区、旅游风景区、军事设施等分布情况。

（2）根据工程区施工条件做好施工组织设计，施工组织设计编制应符合国家、行业、地方相关规范标准，符合施工合同和招投标文件中关于工程进度、质量、安全、环境保护、造价等方面的要求。

（3）施工组织设计应由项目负责人主持编制，施工单位技术负责人审批，并报总监理工程师和建设单位项目负责人备案。对于超过一定规模的危险性较大的分部（分项）工程，应编制专项方案，并附安全验算结果，组织专家论证后经施工单位技术负责人、总监理工程师签字后方可实施。

（4）清淤施工前应按照国家现行的环境保护法律、法规和批准的环境影响评价文件，制定必要的环境监测计划，做好施工环境、生态和物种保护等工作；应详细分析施工中可能存在或产生的不利影响因素，制定相应的防范措施。

（5）清淤现场应修建临时道路，具备清淤设备进出场条件；跨越现有道路的泥浆输送管道应采取架空形式，架空高度应根据现有道路通行车辆最大高度而定；若清淤泥浆采用泥驳水运，应复核通航条件，修建临时停靠码头。

6.2 清淤施工部署和准备

6.2.1 清淤施工部署

施工部署应综合考虑施工区水文条件、水深、水量、水环境条件、行洪调蓄条件、通航条件、交通条件、河道宽度、岸坡稳定性等，经技术经济比较后，合理安排施工作业。

当水面开阔，水深较大，具备通航条件时，宜采用水下清淤的方式；当不具备通航条件，且清淤点距岸上距离超出陆上施工设备的工作范围时，宜采用干塘清淤方式。

采用干塘清淤方式时，应分析围堰的布置对湖泊行洪或调蓄功能的影响，分析湖泊水位下降后对岸坡稳定性的影响，并采取相应的措施。在软土地区，还应考虑水位下降可能引起附近场地下沉，导致周边设施损坏。

采用水下清淤方式时，应分析清淤时对底泥的扰动造成的底泥污染物释放或底泥悬浮物对水环境、水生态的影响，并采取相应的防范措施。

环保清淤工程旨在通过清除河床底部的污染源达到改善水域生态环境的目的。此类工程大多有以下共同特点。

（1）施工时要很好地控制清淤厚度，工作面要平整。

（2）彻底清除设计范围内的淤泥，但不致开挖、破坏湖底原状地基土。

（3）施工时要充分考虑清除表层淤泥而不致搅混水体，使悬浮状的流体又回到已清的界面。

（4）对输泥过程中污染物泄漏要求高，一般须采用全封闭管道输送。

（5）排泥场较远，大多超过挖泥船的额定排距，须增设接力泵站（船），成本较高。

6.2.2 清淤施工准备

清淤施工准备如下。

（1）清淤施工现场清障。

（2）落实清淤设备、材料进出场路线。清淤设备、材料进出场前，应提前复核运输路线并重点关注沿途设施、桥梁、线网及交通等情况。对于超宽、超长、超重设备的运输，应提前编制运输方案，报当地人民政府交通主管部门批准，并按要求采取有效的防护措施；影响交通安全的，还应经同级公安机关批准；运输不可解体的超限物品，应按指定时间、路线、时速行驶，并悬挂明显标志。

（3）采用水下清淤方式时，落实清淤船吊装下水位置。

（4）准备物料存放场地。

（5）办理施工所需的各项手续。

（6）落实通水通电工作。

（7）提供现场管理机构办公和生活用房。

（8）清淤前复测。应对照设计施工图复测基准点位、清淤区水下高程、水位高程、湖泊内构筑物等。

（9）设置施工标志、安装围挡。清淤施工现场应设置封闭围挡，围挡的高度、形式应符合当地文明施工规范要求；清淤船作业区、浮管、岸管均应设置显著的安全警示标志。

（10）施工区附近应设置水位观测站，并配备向清淤船通报水位的装置，精度应达到±0.1 m。

（11）采用清淤船施工时，清淤船定位精度应满足工程质量要求，原则上应采用 GPS 定位。

6.3 清淤施工工艺

6.3.1 耙吸挖泥船施工

耙吸挖泥船是边航行边挖泥的自航纵挖式挖泥船，施工作业无须抛锚，也不需要辅助船舶配套作业，一般只需要在岸上设置导标，包括边界线标、中线标、起点标、终点标等。目前，随着 GPS 技术的发展，大部分清淤船开始直接使用 DGPS（differential global positioning system，差分全球定位系统）控制清淤精度，不再设置导标。

6.3.1.1 施工方法

（1）当清淤施工区水深较浅，挖泥船施工受限时，应利用高水位先挖浅段，由浅及深，逐步拓宽加深。

（2）当水流为单向水流时，应从上游开始挖泥，逐渐向下游延伸。

（3）当清淤前断面两侧浅中间深时，应先挖两侧后挖中间。

（4）耙吸挖泥船一般应逆流施工。

6.3.1.2 生产率计算

耙吸挖泥船挖、运、输生产率按式（6.3-1）计算。

$$W = \frac{q_1}{\sum t} = \frac{q_1}{\frac{l_1}{v_1} + \frac{l_2}{v_2} + \frac{l_3}{v_3} + t_2 + t_3} \tag{6.3-1}$$

式中：W——耙吸挖泥船挖、运、输生产率，m³/h；

q_1——耙吸挖泥船挖、运、输泥浆总量，m³；

$\sum t$——施工循环运转时间，h；

l_1——重载航行段长度，km；

l_2——空载航行段长度，km；

l_3——挖泥长度，km；

v_1——重载航速，km/h；

v_2——空载航速，km/h；

v_3——挖泥航速，km/h；

t_2——耙吸挖泥船运输泥浆总时间，h；

t_3——耙吸挖泥船泵送泥浆总时间，h，由泵送时间、管线连接和拆除接头时间合计。

6.3.2 绞吸挖泥船施工

绞吸挖泥船开工前应定船位、抛锚、接输泥管线等，非自航型挖泥船，一般由挂车运输至施工区域吊运下水。大型绞吸挖泥船一般是由拖轮拖运，或解体陆运后水上组装。

6.3.2.1 施工方法

绞吸挖泥船一般采用横挖法施工，分条、分段、分层、顺流、逆流挖泥。绞吸挖泥船一般以一根钢桩或主（艉）锚为摆动中心，左右边锚配合控制横移和前移挖泥。按所采用定位装置的不同，绞吸挖泥船施工方法可分为对称钢桩横挖法、定位台车横挖法、三缆定位横挖法、锚缆定位横挖法等，应根据不同的工况条件选择不同的施工方法。

1. 分条施工

（1）采用锚杆抛锚的对称钢桩横挖法和三缆定位横挖法施工宜按下列原则确定分条宽度。

① 正常情况下分条宽度等于钢桩或三缆柱中心到绞刀前段水平投影的长度。

② 在土质坚硬或高流速地区施工，分条的宽度适当缩小。

③ 土质松软或顺流施工时，分条的宽度适当放宽。

（2）采用锚艇抛锚的对称钢桩横挖法和三缆定位横挖法施工宜按下列原则确定分条宽度。

① 正常情况下分条宽度以钢桩或三缆柱中心到绞刀前段水平投影长度的 1.1 倍为宜。

② 在土质坚硬或高流速地区施工，分条的宽度适当缩小。

③ 土质松软或顺流施工时，分条的宽度适当放宽。

（3）采用锚缆定位横挖法施工时，分条宽度不宜大于主锚缆长度的 50%。

2. 分段施工

（1）清淤长度大于挖泥船水上管线的有效长度时，应根据挖泥船和水上管线所能开挖的长度进行分段。

（2）清淤边线为折线时，应按边线拐点进行分段。

（3）清淤深度和工期要求不同时，应按深度变化和工期要求分段。

（4）施工方法和工艺参数因施工区土质变化相差较大时，应按土质进行分段。

3. 分层施工

（1）当清淤区泥层很厚时，应按下列规定分层施工：分层挖泥厚度应根据土质和挖泥绞刀性能确定，淤泥类土和松散砂宜取绞刀直径的 1.5~2.5 倍，软黏土和密实砂宜取绞刀直径的 1.0~2.0 倍，硬黏土宜取绞刀直径的 0.75~1.0 倍，软岩宜取绞刀直径的 0.3~0.75 倍；分层的上层宜较厚，以保证挖泥船的效能；最后一层应较薄，以保证工程质量；当清淤前水深小于挖泥船吃水深度时，最上层挖深应满足挖泥船最小吃水深度的要求。

（2）当工程对边坡质量要求较高，需要分层分阶梯开挖边坡时，应根据工程对边坡的要求、土质情况和挖掘设备尺度确定分层厚度。

（3）当合同要求分期达到设计深度时，应进行分层施工。

4.顺流、逆流施工

采用钢桩定位时宜采用顺流施工；采用锚缆定位时，宜采用逆流施工；当流速较大时，可采用顺流施工，并放下艉锚保证安全。

6.3.2.2 生产率计算

绞吸挖泥船生产率分铰刀挖掘生产率和泥泵吸输生产率两项，取两项中的较小值。这是因为绞吸挖泥船的工况决定了挖掘和吸输需同时进行，两者相互制约。

（1）铰刀挖掘生产率。

铰刀挖掘生产率主要与挖掘土质、绞刀功率、横移绞车功率等因素有关，按式（6.3-2）计算。

$$W = 60K \times D \times T \times v \quad (6.3\text{-}2)$$

式中：W——铰刀挖掘生产率，m^3/h；

K——铰刀挖掘系数，与铰刀实际切泥断面面积等因素有关，可取 0.8～0.9；

D——铰刀前移距，m；

T——铰刀切泥厚度，m；

v——铰刀横移速度，m/min。

（2）泥泵吸输生产率。

泥泵吸输生产率与土质、泥泵参数、管路特征有关，按式（6.3-3）计算。

$$W = Q \times \rho \quad (6.3\text{-}3)$$

式中：W——泥泵吸输生产率，m^3/h；

Q——泥泵管路工作流量，m^3/h；

ρ——泥浆浓度，按原状土体积浓度公式计算。

6.3.3 抓斗挖泥船施工

6.3.3.1 施工方法

抓斗挖泥船一般采用纵挖式施工，根据不同施工条件采用分条、分段、分层、顺流、逆流等施工工艺。

（1）当清淤宽度大于抓斗挖泥船最大挖宽时，应分条施工。分条的宽度不得超过挖泥船抓斗吊机有效工作半径的 2 倍；在浅水区施工时，分条最小宽度应满足挖泥船作业和泥驳绑靠所需的水域条件。

（2）当挖槽长度超过挖泥船一次抛设主锚或边锚所能开挖的长度时，应进行分段施工。

（3）当底泥泥层厚度超过抓斗一次所能开挖的厚度时，应分层施工。分层厚度根据土质、抓斗尺寸等因素确定。

（4）当泥层较薄时，可采用梅花挖泥法施工。抓斗与抓斗的间距视水流大小及土质松软情况而定。

6.3.3.2 生产率计算

抓斗挖泥船的生产率按式（6.3-4）计算。

$$W = \frac{ncf_m}{B} \tag{6.3-4}$$

式中：W——抓斗挖泥船生产率，m³/h；

　　　n——每小时抓取斗数；

　　　c——抓斗容积，m³；

　　　B——岩土搅松系数，其取值可参考表 6.3-1；

　　　f_m——抓斗充泥系数，对于淤泥可取 1.2~1.5；对于砂或砂质黏土可取 0.9~1.1；对于石质土可取 0.3~0.6。

6.3.4 接力泵施工

挖泥船泥泵功率不能满足管道输送距离要求且工程量较大时应设置接力泵，接力泵宜采用串联方式。

表 6.3-1 岩土搅松系数

土质种类	搅松系数 B	土质种类	搅松系数 B
硬质岩石（$R_c>30$ MPa，需要爆破）	1.50~2.00	砂（松散~中密）	1.05~1.15
软质岩石（15 MPa$<R_c\leq30$ MPa，需要爆破）	1.40~1.80	淤泥	1.00~1.10
软质岩石（$R_c\leq15$ MPa，不需要爆破）	1.25~1.40	黏土（硬~坚硬）	1.15~1.25
砾石（密实）	1.35	黏土（中软~硬）	1.10~1.15
砾石（松散）	1.10	淤泥质土	1.00~1.10
砂（密实）	1.25	砂、砾石、黏土混合物	1.15~1.35
砂（中密~密实）	1.15~1.25	—	—

注：R_c 为无侧限抗压强度。

1. 接力泵站位置选择

（1）接力泵吸入口压力较低且不得小于 0.1 MPa。

（2）设置于水上的接力泵船，应选择在水深、风、浪、流等条件满足接力泵船安全要求，且对航行和施工干扰较小的区域。

（3）设置在陆上的接力泵站应满足以下要求。

① 地基稳定性好，承载力足够。

② 满足泵站设备运输要求，水、电满足需求。

③ 减少施工噪声等对周边环境的不利影响。

2. 接力泵施工要求

（1）接力泵前端应设空气释放阀、真空压力表和放气阀，排出端应设压力表。

（2）各接力泵和被接力船舶系统内部应建立可靠的通信联络系统。

（3）各接力泵与被接力船舶组成的系统中，各设备启动和工作参数调整等应统一协调。

（4）系统停止工作前应从最后一级接力泵开始逐级、逐时向前降低泥泵转速。系统停泵应从最后一级接力泵开始，每停一泵稍作停顿待系统工作稳定后再逐级向前停泵。

6.3.5 环保清淤

环保清淤主要是指对清淤精度和防止二次污染要求高的带水作业方式,目前最常用的环保清淤方式为环保绞吸式清淤。

环保清淤包括两个方面的含义:一方面指以水质改善为目标的清淤工程;另一方面则是在清淤过程中尽可能避免对水体环境产生不利影响。

环保清淤的特点如下。

① 清淤设备应具有较高的定位精度和挖掘精度,防止漏挖和超挖,不伤及原生土。

② 在清淤过程中,防止扰动和扩散,不造成水体的二次污染,降低水体的混浊度;控制施工机械的噪声,不干扰居民正常生活。

③ 淤泥弃场要远离居民区,防止运输途中产生二次污染。

环保绞吸式清淤方式的适用条件、优点、缺点如下。

① 适用条件:适用于工程量较大的大、中、小型湖泊的环保清淤工程。

② 优点:环保绞吸挖泥船配备专用的环保绞刀头,具有防止污染淤泥泄漏和扩散的功能,可以对薄的污染底泥进行清淤而且对底泥扰动小,避免了污染淤泥的扩散,底泥清除率可达到95%以上;清淤浓度高,清淤泥浆质量分数达70%以上,一次可挖泥厚度为20~110 cm。同时环保绞吸挖泥船具有高精度定位技术和现场监控系统,通过模拟动画,可直观地观察清淤设备的挖掘轨迹;通过挖深指示仪和回声测深仪进行高程控制,精确定位绞刀深度,挖掘精度高。

③ 缺点:成本高,对水位有要求。

6.4 施工组织设计

施工组织设计是指导施工全过程的技术、经济文件,是对湖泊清淤施工进行全过程管理的重要依据。编制施工组织设计应全面分析施工条件、制定施工方案、确定施工顺序和方法、组织资源调配、制定施工进度计划、做好风险预测和管理,使质量、工期、安全达到预期目标,且成本也得到有效控制。

施工组织设计应包括的主要内容如下。

（1）编制依据：编制施工组织设计依据的主要文件、技术标准和报告等的名称、代号或文号，如施工合同、设计文件、采用的规范标准、会议纪要。

（2）工程概况：施工项目的工程名称、地理位置、工程内容、建设规模、主要执行的技术标准，按类别分别对湖泊清淤工程量进行统计和汇总。

（3）自然条件：根据设计文件资料和现场调查情况，对影响工程施工的气象、水文、地质和地理特征等自然条件进行概述和重点分析。

（4）施工的特点、难点和关键点：结合湖泊特征、周边自然条件和合同条件对施工的特点、难点和关键点进行分析，确定关键节点、重点和难点问题及应对策略。

（5）施工总体安排及施工进度计划：根据总工期和节点工期要求、施工难点和现场条件等，对工程的总体施工顺序、总工期目标、主要节点工期、施工关键路线和施工进度计划进行总体安排和部署，绘制进度计划网络图，确定关键线路和重要节点，并阐述保障进度计划的技术措施。

（6）施工现场平面布置：结合设计文件、现场实际情况，对施工现场总平面和临时工程位置进行统一布置；绘制总平面布置图，标明施工场地、施工水域、临时工程、施工道路、水电管线及主要设备设施的位置和范围，并简述布置的理由和依据。

（7）施工组织：设立项目组织机构、施工区段及施工队伍并绘制组织框架图，确定项目职能部门和施工队伍负责人员名单，明确岗位职责。

（8）施工方案：阐明施工方案的总体思路，对关键方案和重点工艺进行说明；确定主要分部分项工程的施工顺序、施工方法、工艺流程、质量控制标准、操作要领和机械配置；危险性较大的分部分项工程和采用"四新"（新材料、新设备、新工艺、新技术）的施工项目应编制专项方案。

（9）施工测量和施工观测：根据工程特点确定施工测量的内容、方法、仪器和人员配备等，并布设测量控制网。

（10）资源及资金需求计划：用表格形式列出工程施工所需主要资源及资金需求计划，明确名称、数量、规格、性能、要求及使用时间。

(11)施工技术、质量保证措施计划：根据企业质量体系文件，结合项目管理特点，建立现场质量体系，绘制质量管理体系框架图，结合工程特点确定质量管理点及管理措施，编制技术交底、典型施工、验收和施工监测等技术管理计划、质量检验计划和试验检测计划。

(12)安全生产、职业健康保证措施计划：根据企业职业健康管理体系文件，结合招投标、合同文件，建立项目安全生产管理体系，编制安全生产管理体系框架图；结合工程特点确定危险源及管理措施，编制安全技术交底文件、安全防护措施计划和安全应急预案；根据施工条件和施工船舶性能选定合适的通航路线和停靠码头。

(13)文明施工、环境保护、节能减排措施计划：结合工程特点、施工环境和施工条件，制定文明施工措施计划和节能减排措施计划；在对环境因素进行分析的基础上，制定相应的环境保护措施计划和环境事件应急预案。在敏感区域和国家专项保护区施工，还应制定相应的专项保护措施计划。

(14)特殊天气、季节施工保证措施计划：结合工程特点、施工环境和施工季节，制定相应的雨天、夜间、冬季低温、夏季高温和汛期的施工保证措施计划。

(15)施工风险防范措施：结合工程特点、合同条件和施工环境，列举并评估各种可能发生的风险，提出防范对策和管理措施。

(16)附图、附表：主要设备图、主要设备参数表、主要材料图、主要材料规格参数清单。

6.5 验收

6.5.1 基本要求

(1)清淤工程项目应当实行项目法人责任制、招标投标制，严格按照设计要求、招投标文件、合同约定及有关法律法规进行施工管理。建设单位、施工单位、监管部门要加强施工全过程的质量安全管理。建设单位要派专人对淤泥处置过程进行监管，杜绝淤泥随意堆放、偷排和排泥场内泥浆外溢等现象，确保淤泥不产生二次污染。工业企业周边湖泊清淤前要进行底泥检测，并对有害淤泥作无害化处置。

（2）清淤工程项目应当健全质量保证体系，落实质量保证措施，确保施工质量。按基本建设程序组织实施的项目，应按规定实行质量监督制、安全生产责任制，落实安全生产措施，确保不发生重大安全生产事故。

（3）清淤工程项目具备验收条件时，施工单位应向建设单位提供验收申请报告。建设单位应在收到验收申请报告之日起 10 个工作日内决定是否同意进行验收。

6.5.2 清淤工程施工质量验收

（1）质量验收评定应以工程设计图和竣工水下地形图为依据，因清淤深度不够而导致补挖的部分不得超过总清淤面积的 25%，超过时应全数重测。

（2）河道采用平均断面法计量的，设计断面（横断面）应全数检测；纵断面根据河道宽度抽检，检测断面间距应不超过 10 m 且不少于 2 个断面；断面测点间距应不超过 5 m。采用网格法计量的，测点纵横间距根据设计划分网格而定，但最大间距不得超过 5 m。

（3）测点高程欠挖不得超过 0.1 m，若大于 0.1 m，应返工进行补挖处理。根据选用清淤设备的不同，允许超深一般为 0.1~0.4 m，允许超宽一般为 0.5~2 m，有合同约定的应以合同为准。

（4）对于冲刷和回淤比较严重，难以满足上述指标的项目，应根据具体情况而定。

（5）清淤施工、泥浆输送过程中不应发生泄漏，以免对周围环境造成污染。

（6）清淤工程允许偏差应符合表 6.5-1 的规定。

6.5.3 验收所需资料

1.立项申报资料

（1）建设项目申报表。

（2）项目立项申请报告。

(3)工程平面位置图、预算书。

表 6.5-1 清淤工程允许偏差

序号	检查项目	允许偏差	检查数量 范围	检查数量 点数	检查方法
1	边坡坡度	不陡于设计或清淤前坡度	10 m	1	用坡度尺测量
2	清淤底高程	0~5 mm	10 m 或 100 m²	1	水上用水准仪测量,水下用测深水砣测量
3	清淤断面尺寸	不小于清淤前断面	20 m	1	水上用钢尺测量,水下用测深水砣测量
4	出入湖泊、河道轴线位移	3 mm	20 m	1	用经纬仪和钢尺或全站仪、RTK-DGPS 测量

2.项目招投标资料

(1)镇政府或村两委会会议记录(纪要)。

(2)项目招投标资料(招投标主要信息)。

(3)中标通知书。

(4)施工承包合同。

3.项目管理资料

(1)湖底地形测量资料(清淤需第三方出具淤泥测绘报告)。

(2)竣工图。

(3)项目照片(同一角度前、中、后对比照片;淤泥堆放场地照片)。

4.验收资料

(1)建设项目完工验收申请报告。

(2)建设项目完工验收表。

（3）建设、施工、监理工作报告（县级及以上河道清淤及砌坎项目、镇级河道带水作业清淤疏浚项目）。

（4）审计报告。

（5）资金支付资料。

第 7 章 底泥处理与处置

7.1 一般规定

（1）底泥处理处置应遵循环保、安全、经济、循坏利用的原则。在满足环保和安全要求的前提下，底泥可采用多种形式进行资源化综合利用。

（2）底泥处理过程应参照工程所在地固体废弃物管理条例，落实施工单位自查、第三方监督、监管部门督查和项目业主巡查的工作机制，收集和保存底泥处理过程中的相关资料，对处理过程中的各个环节进行严格的过程监测管控。

（3）应对底泥处理处置环节影响区域进行环境评价。要求环保监测指标项目齐全、检测检验方法得当、数据记录完整，环境评价适宜科学。底泥处理处置区大气污染物排放应满足《大气污染物综合排放标准》（GB 16297）、《恶臭污染物排放标准》（GB 14554）的有关规定；建设期噪声控制应满足《建筑施工场界环境噪声排放标准》（GB 12523）的有关规定，运营期噪声控制应满足《工业企业厂界环境噪声排放标准》（GB 12348）的有关规定。

（4）确定处理方法时应综合考虑底泥泥质、现场条件、处置路径。底泥泥质指标包括：含水率等物理和力学性质，营养盐、重金属和有机污染物的含量及分布规律等。

（5）选择处理处置地点时应遵循就近原则，如需运输宜选择管道或船舶运输。选择公路运输时，应首先进行脱水固化处理，使底泥含水率降低至 40%及以下。应根据工程规模、工期、现场条件、处理处置方法要求设计底泥处理处置区，应减少占地，避免二次污染，并应符合有关规定。

（6）淤泥处理处置厂区的运行、维护及管理应符合国家现行有关标准的规定，现场管理机构应根据管理目标和现场条件制定相应的运行管理制度、保证措施和应急预案等，并确保其得到落实。

（7）底泥进行处理处置前，浸出毒性鉴别应按《危险废物鉴别标准 浸出毒性鉴别》（GB 5085.3）的规定执行。经鉴别为危险废物的，应按国家现行相关规定进行处理处置。应识别处理处置过程中存在的危险和危害因素，制定相应的安全防护措施。危险化学品购买、运输、储存、使用的安全管理及废弃危险化学品的处置，依照有关环境保护的法律、行政法规和国家有关规定执行。底泥处理处置一般工艺流程见图 7.1-1。

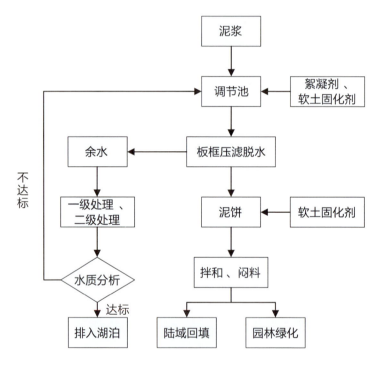

图 7.1-1 底泥处理处置一般工艺流程

7.2 底泥处理

7.2.1 底泥处理标准确定

底泥处理可参照《固体废物鉴别标准 通则》（GB 34330）、《固体废物再生利用污染防治技术导则》（HJ 1091）、《固体废物处理处置工程技术导则》（HJ 2035）

等现行国家标准或行业标准的有关要求执行，并应满足相关的工程建设强制性标准条文的要求。

7.2.2 底泥处理技术

底泥处理常用的技术包括自然脱水干燥、直接搅拌固结、真空预压、土工管袋、带式压滤脱水、离心脱水、板框压滤脱水、脱水和固结一体化等。底泥处理通常采用物理、化学、生物方法，包括调理调质、脱水固结、钝化固封等处理过程。

（1）调理调质。

添加材料，改变底泥颗粒表面的物化性质和组分，破坏底泥的胶体结构，减小底泥与水的亲和力，改善脱水性能。无机絮凝剂用量通常为污泥干固体重量的5%~20%。有机絮凝剂，如阳离子型聚丙烯酰胺（polyacrylamide, PAM）和阴离子型聚丙烯酰胺，用量通常为污泥干固体重量的0.1%~0.5%。

（2）脱水固结。

脱水固结是通过物理、化学方法实现固液分离，降低底泥的含水率，使底泥从流动状态变成塑性状态或固态，具有一定的力学强度。优选脱水和固结一体化法，脱水和固结同步实现，实现泥水快速分离。底泥脱水和固结一体化处理工程余土的验收标准见表7.2-1。

表7.2-1 底泥脱水和固结一体化处理工程余土的验收标准

序号	基本检验项目		限值
1	含水率/（%）		≤40
2	7 d 无侧限抗压强度/kPa		≥100
3	抗剪强度	黏聚力 C/kPa	≥20.0
		内摩擦角 φ/（°）	≥15.0

注：无侧限抗压强度试验采用标准养护龄期7 d，最后一天浸水。

（3）钝化固封。

钝化固封是通过物理、化学、生物方法降低底泥中的重金属、难降解有机物等污染物的化学活性和迁移性。

7.2.2.1 自然脱水干燥

（1）技术特点。

传统的底泥自然脱水干燥方法：疏浚底泥通过泥浆泵被送入底泥堆场，在自然状态下实现泥水分离；调节闸门高度，将上清液排入排水沟，剩余的底泥颗粒沉积在堆场中；在堆场上清液排放完成后，底泥就进入自然干化状态。底泥自然脱水干燥即通过日照蒸发、风干、自然下渗等方式，去除底泥中的水分。

优点：施工工艺简单，直接处理成本最低，适合处理少量、中低含水率、无污染的原状淤泥。

局限性：疏浚底泥堆场高度受限，需要较大面积的堆场且干化周期受底泥性质影响很大；底泥在自然状态下脱水效率低，干化周期需要数月甚至数年，尤其是对于以细颗粒为主的黏土或者粉质黏土，其干化周期将进一步延长，且工期极易受降雨等天气因素影响，从而长期占用大量场地，造成土地资源浪费；底泥没有经过无害化、稳定化处理，存在污染转移风险，可能对周边环境造成较大影响。

（2）设计要求。

将底泥堆放、摊铺在一定场地，由于堆场中下部分泥浆中的水分极难排出，所以通常堆放厚度不大于 3 m。可根据堆场的面积和形状设置放射状、平行线状、枝状等形式的排水系统，将降雨后裂隙中的雨水顺利排出堆场，实现堆场主动排水。底泥干化深度和开沟深度大致相等，在条件允许的情况下，加大开沟深度有利于底泥更快、更深层地干化，开沟间距为 20~40 m 时，基本受降雨影响较小，是比较合适的开沟间距（可根据当地气候情况及堆场利用的迫切程度适当调整）。

（3）工艺原理与技术参数。

利用太阳光能、空气对流对底泥进行自然脱水干燥，或利用底泥自重压密促使含水率下降。底泥自然脱水干燥有自然暴晒、人工翻晒、底面脱水、堑壕挖掘等方式。

疏浚底泥在堆场中完成沉淀脱水后，即进入干化期，此时，堆场上部底泥层由于受到太阳的直射和自然风的干燥，干化过程加速，经过 1 个月左右的时间，表层的 20~30 cm 厚度层会干燥龟裂，含水率急剧降低，承载力大幅上升。而对于堆场中部和底部底泥而言，由于得不到日光直射和自然风的干燥，水分的蒸发作用极为有限。另外，堆场上部底泥对中部和底部底泥作用的压力非常有限，也不利于中下部底泥中的水分往上部迁移，由此致使堆场中下部底泥中的水分无法通过向堆场上部大气环境中排出的方法脱除。同时，由于堆场底泥中存在的水分基本为毛细水和结合水，重力对底泥中水分的下向迁移作用非常微弱，使得堆场中部和底部的水分无法有效地下渗至底部排出。基于上述原因，疏浚底泥堆场中部和底部底泥中的水分无法快速排出，底泥长期处于饱水状态，含水率始终维持在较高水平，承载力无法大幅提高，无法及时外运，疏浚底泥长期占用堆场。

7.2.2.2 直接搅拌固结

（1）技术特点。

直接搅拌固结是在干挖底泥或经过自然沉淀的疏浚底泥中加入固化剂，对底泥进行搅拌、改性，并对处理后的底泥进行自然堆放、存储的方法。

优点：直接向疏浚底泥中添加固化剂搅拌，实施化学固化，见效快，结合不同均混搅拌设备可处理不同规模的底泥，工期可控，且固化底泥在满足条件时，可作为回填土等使用。该技术适用于处理含水率低的排水干挖底泥、脱水底泥。

局限性：各生产环节连续性差，施工人员投入较多，能耗、运行费用及投资相对较高；由于固化剂投加量大，增加了最终产生的底泥体积，固化底泥较长时间呈软塑状，重金属等污染物难以迅速固封，有二次污染风险；由于底泥化学性质发生改变，不宜进行复耕，适于作为填方材料、建筑材料，利用方向受到限制。对于采用环保疏浚的高含水率泥浆，进行直接搅拌固结会在堆场占用、固化效果、施工周期、现场环境、综合成本及工程适应性等方面存在问题。

（2）工艺原理与技术参数。

在底泥中添加固化剂，进行搅拌混合，制成固化土。固化剂添加后会与水发生水化反应，其产物与土颗粒发生吸附包裹作用，并充填在颗粒间形成固化物，促使底泥中的自由水减少，强度增加。进行直接搅拌固结处理需选择含水率合适的底泥，以减少工程投资。疏浚底泥在预处理后，检测其含水率及有机质等指标，根据相关指标及该工程设计要求，确定固化剂配合比，然后制备试样，再检测，符合设计要求后，可正式投入生产。

（3）施工设备及辅助材料。

均混搅拌设备，絮凝剂、固化剂。

7.2.2.3 真空预压

（1）技术特点。

真空预压是通过滤管孔，经真空泵吸气，在膜下形成压力，使土体中的水排出。

优点：真空预压法是目前处理软地基工程的主要方法，有着比较成熟的工程应用经验，可进行大面积作业，适用于有机质含量低、含砂量较大、持水性差的疏浚底泥脱水，主要用于沿海围垦、造地工程。

局限性：真空预压法需铺设大量排水管，抽真空过程耗时长，施工周期较长，真空压力在传递过程中受砂垫层、滤管、滤膜的阻尼作用，能量损失很大，要在抽真空一段时间之后才能在底泥层中产生较高真空度，导致底泥固结慢，处理后淤泥的含水率仍在60%以上，因此力学性能差；对于含泥量大、细颗粒多、有机质含量高的疏浚底泥，进行真空预压脱水时，排水通道会很快被淤堵，致使底泥长时间无法脱水干燥；由于没有对污染物进行无害化、稳定化处理，有二次污染风险；脱水底泥含水率高，因底泥中污染物释放，余水处理达标困难；工程费用比较高，难以应用于大面积的堆场底泥干化，只能在有特殊需要的局部小面积场地采用。

（2）设计要求。

应满足《吹填土地基处理技术规范》（GB/T 51064）第8章的有关规定。

（3）工艺原理与技术参数。

在堆场中敷设密封膜、砂垫层和土工布等设施，然后对打入堆场中的疏浚底泥进行覆膜、抽真空，利用密封膜内外气压差，产生负超静孔隙水压力，营造有利于底泥脱水的环境，利用真空压力和底泥自重使淤泥层排水固结。真空压力传递路径是：真空装置—主管—滤管—砂垫层—排水板—加固土体。

（4）施工设备及辅助材料。

真空泵；土工布；密封膜，宜采用聚乙烯或聚氯乙烯薄膜；砂垫层，一般需采用含泥量小于5%的中粗砂，厚40 cm左右；排水滤管；塑料排水板。

7.2.2.4 土工管袋

（1）技术特点。

把高含水率淤泥或泥浆打入土工管袋中，利用土工管袋过滤结构和袋内液体压力，对淤泥进行压密促进其脱水，再将其作为填土进行填埋或利用。

优点：底泥全程封闭在管袋和管路中，无底泥暴露和泄漏，不添加固化剂和无机药剂，不造成干泥量的增加，干泥可以就地农用或作为绿化用土；一次性投入成本较低，配套设备较少；对于短期内疏浚量很大的项目，采用此技术可大量减少机械设备，从而降低对用电的需求，同时对操作人员的需求量也较少。此技术适用于有机质含量低、含砂量较大、持水性差的疏浚底泥脱水，主要用于沿海围垦、造地工程。

局限性：施工周期长，需要长时间占用大量场地来堆放土工管袋；含泥量大、有机质含量高的底泥往往会造成土工管袋堵塞，降低脱水干燥效果；由于没有对底泥中的污染物进行无害化、稳定化处理，存在二次污染风险；处理后底泥的含水率仍在 60% 以上，力学性能差，且因底泥中污染物释放，余水处理达标困难。

（2）设计要求。

土工管袋脱水系统包含脱水平台、管道、絮凝剂投加设备组件及土工管袋单元四大部分：脱水平台实现承载、防渗、排水三大功能，排水通常通过排水沟来引导；管道主要功能为输送底泥、提供絮凝剂与底泥反应的场所、监测反应效果；絮凝剂投加设备组件需实现溶解配置、定量泵送两大主要功能；土工管袋单元是整个土工管袋脱水系统的功能元件，利用不同的堆放方式达到不同的目标，高强度的土工管袋单元可以用堆叠的方式减少占地。

（3）工艺原理与技术参数。

土工管袋脱水分为充填、脱水、固结三个阶段。①充填：通过管道泵送系统把疏浚底泥充填到土工管袋中，必要时可投加絮凝剂促进固体颗粒固结。②脱水：清洁的水流从土工管袋中排出，主要是受土工管袋材质所具有的过滤结构和袋内液体压力两个因素的作用，同时还可以添加脱水剂增加脱水速率。经脱水后超过 99% 的固体颗粒被存留在土工管袋中，可以收集渗出水并再次在系统中循环利用。③固结：土工管袋被固体颗粒填满后，可以把土工管袋及其填充物抛弃到垃圾填埋场或者将固结物移走，并在适当的情况下进行利用。

（4）施工设备及辅助材料。

土工管袋及絮凝剂。

7.2.2.5 带式压滤脱水

（1）技术特点。

使用滤带张力及压辊压力，将淤泥颗粒表面的水分离。

优势：各生产环节连续性好，临时占地面积小，脱水时间短。

局限性：通常采用有机物作为絮凝剂，泥饼含水率仍然高达60%~80%，呈软塑状，遇水泥化；污染物未进行无害化、稳定化处理，存在二次污染风险，资源化利用有局限性；能耗、运行成本及投资较高，运行管理相对复杂，且产能低，适用于底泥处理量小、附近没有可利用土地资源的疏浚工程。

（2）工艺原理与技术参数。

由上下两条张紧的滤带夹带着淤泥层，从一连串按规律排列的辊压筒中呈S形前进，在前进过程中滤带本身的张力形成了对淤泥层的压力和剪切力，把淤泥层中的孔隙水和毛细水挤压出来，获得固含量较高的泥饼，从而实现底泥脱水。带式压滤机的污泥脱水流程一般是：湿污泥经絮凝、重力脱水、低压脱水和高压脱水后形成泥饼。

从带式压滤机的脱水原理可以看出：滤带的宽度为淤泥过滤的宽度，其大小直接影响处理量。而滤带的长度、运行速度和进料淤泥的浓度则影响脱水的效果，滤带越长，进料浓度越高，则淤泥脱水的效果相对较好，而滤带运行速度关系到淤泥脱水的效果及处理量，需衡量两者的需求，从而选择一个较为理想的参数。

（3）施工设备及辅助材料。

带式压滤机及絮凝剂。

7.2.2.6 离心脱水

（1）技术特点。

利用离心力实现固液分离。

优点：离心脱水可经生物氧化降低底泥有机质含量，使底泥脱臭，并可对含砂的淤泥通过分级分筛生产出砂粒用作建筑用砂，提高资源化利用率；离心脱水过程不需要添加碱性物质，以絮凝剂为主，对土壤无害，可作园林绿化用土、建筑填土；各生产环节连续性好，临时占地面积小，脱水时间短。

局限性：施工人员投入较多，能耗、运行成本及投资较高，运行管理相对复杂，且产能低，适用于底泥处理量小、附近没有可利用土地资源的疏浚工程；脱水效果差，脱水底泥含水率高，遇水泥化，呈软塑状，污染物未进行无害化、稳定化处理，现场环境差，二次污染严重，资源化利用有局限性。

（2）工艺原理与技术参数。

先添加生物氧化剂分解底泥中部分有机污染物，再通过多级筛分系统筛分出底泥中的砂粒、粉粒等，最后利用脱水设备在高速旋转下产生的离心作用使底泥中的泥水分离，实现底泥脱水干化。脱水设备主要由转载机和带空心转轴的螺旋输送器组成，底泥由空心转轴送入转筒后，在高速旋转产生的离心力作用下，立即被甩入转鼓腔内。底泥颗粒比重较大，因而产生的离心力也较大，被甩贴在转鼓内壁上，形成固体层；水密度小，离心力也小，只在固体层内侧产生液体层。固体层的底泥在螺旋输送器的缓慢推动下，被输送到转载机的锥端，经转载机周围的出口连续排出，液体则由堰流排至转载机外，汇集后排出脱水机。

影响离心机底泥脱水效果的关键因素有：转鼓长径比（转鼓有效长度与转鼓内径的比值）、转速、差速、底泥性质、预处理调节情况等。为了使污泥脱水取得更好的效果，在离心机分离前通常会在湿底泥中加入絮凝剂，增大底泥与水的密度差，以加强脱水效果。通常来说，长径比越大、转速越高，底泥脱水效果越好。而差速影响着底泥脱水的干度和处理量，差速越大，底泥排得越快，但脱水效果越差，故需要选择合适的差速以满足处理量和脱水效果的要求。

（3）施工设备及辅助材料。

离心机及絮凝剂。

7.2.2.7 板框压滤脱水

（1）技术特点。

利用泥浆泵的压力、滤布过滤脱水。

优点：淤泥采用板框压滤机进行脱水干化，干化土含水率低，强度高，遇水不易软化；干泥在后续堆放地点的选择上也更加灵活，用途更加广泛，可用于回填等基础填筑工程，有效实现淤泥的资源化利用；工程临时占地面积小，针对不同的工程规模、临时用地限制等条件，均可灵活布置，节约工程用地。

局限性：间歇式生产，2~3 h 一个循环；针对性差、设备效率低、投资大；简单的板框压滤脱水只能脱去底泥中的表面水，处理后的底泥含水率较高，同时由于没有对底泥进行固结和无害化处理，泥饼遇水会再次泥化，产生二次污染；由于泥饼固结过程中需要加入较多调质剂，泥饼不适于复耕；各生产环节连续性较差，能耗、运行费用及投资相对较高。

（2）工艺原理与技术参数。

板框压滤机由交替排列的滤板和滤框构成一组滤室。滤板的表面有沟槽，其凸出部位用以支撑滤布。滤框和滤板的边角上有通孔，组装后构成完整的通道，能通入悬浮液、洗涤水和引出滤液。板、框两侧各有把手支托在横梁上，由压紧装置压紧板、框。板、框之间的滤布起密封垫片的作用。由供料泵将悬浮液压入滤室，在滤布上形成滤渣，直至充满滤室。滤液穿过滤布并沿滤板沟槽流至板、框边角通道，集中排出。过滤完毕，可通入清水洗涤滤饼。洗涤后，有时还通入压缩空气，除去剩余的洗涤液。随后打开压滤机卸除滤饼，清洗滤布，重新压紧板、框，开始下一个工作循环。

压力越大，滤饼含水率越低，底泥脱水效果越好，但压力过大容易造成跑料；压滤时间越长，所得净滤液量越大，底泥脱水效果越好，但是当达到一定压滤时间后，脱水效果变化不甚明显；在相同的过滤压力和过滤时间内，随着絮凝剂投加量的增加，底泥脱水速度越来越快，脱水效果也越来越好。因此在选择压滤脱水的方式时，需要通过试验确定合适的压滤压力和压滤时间，并从经济的角度考虑确定合适的絮凝剂、固化剂投加量。

（3）施工设备及辅助材料。

板框压滤机，絮凝剂、固化剂。

7.2.2.8 脱水和固结一体化

（1）技术特点。

脱水与固化技术相结合，能够同步实现机械脱水与化学固化，泥浆脱水和固结一体化技术为该类技术中的一种。该技术通过对疏浚底泥高含水率废弃物进行浆体分选、浓缩聚沉、调理调质，同步快速实现机械脱水及化学固化，余水达标排放，达成减量化、无害化、稳定化的目标，最终实现资源化利用。

优势：能够同时实现脱水减量和固化两个处理目的，增强处理后疏浚底泥的稳定性，提高运输效率，降低环境影响，能够满足对大体量疏浚底泥处理的需求；能够在限定的水文地质和场地交通条件下，快速合理、有针对性地设计工艺流程、建设安装固化处理中心并配套相应的设备系统；通过化学沉淀、吸附络合、氧化还原、吸附固封等方法实现重金属离子的无害化、稳定化处理，使得泥饼浸出液重金属含量达标；根据脱水固结工艺流程中余水的水质特性，采用中和、混凝、沉淀、A/O（anoxic/oxic，缺氧/好氧）生物处理、氨氮去除、过滤等工艺方法处理余水，实现余水的达标排放；间歇式生产，1 h 一个循环，泥饼呈硬塑状，遇水不再泥化，可直接装车运输及填筑使用，现场环境好，无二次污染，可资源化利用。

局限性：运行管理较复杂；设备投资较高；固化剂费用较高；由于处理过程中需要加入较多调质剂，泥饼不适合用于复耕。

（2）设计要求。

施工设备和构筑物应根据试验数据进行选型和设计。

（3）工艺原理与技术参数。

泥浆脱水和固结一体化技术可对清淤底泥同时进行脱水固化和化学固化处理，实现清淤底泥的资源化利用。该技术主要包括除杂系统、脱水固化系统、水处理系统和泥饼资源化系统四个子系统。

① 除杂系统：利用水力学和泥沙动力学原理，通过重力分选和浆体通量控制除去泥浆中各项杂物，使得泥浆既保持高脱水性又减少管道堵塞、磨损。

② 脱水固化系统：对所添加材料进行配置与控制，对紊流驱动反应和浆体通量进行控制，使材料充分混合并保持泥浆浓度恒定，完成泥浆的脱水与固化。

③ 水处理系统：压滤水进入泥浆调节池，调节池上清液流入中和池进行 pH 值调节，经水处理系统处理后达标排放。

④ 泥饼资源化系统：脱水后泥饼可以用作工程土、绿植土、建材原料等。

（4）施工设备及辅助材料。

压滤脱水设备、卧式泵等泵类、输送机、空压机、推土机、储气罐、绞吸船等；脱水固结材料。

7.2.2.9 软土固化

（1）技术特点。

对湖泊底泥进行脱水处理后，使用软土固化剂使底泥资源化利用最大化。软土固化剂是基于软土固化技术研发的产品。软土固化技术是将固化剂与软土均匀拌和，经固化剂与软土间的物理和化学作用将软土变成具有足够强度的固化土。该技术是应用极为广泛的一类软土处理技术，广泛地应用于污染土、工业淤泥、河道淤泥的固化处理等。

不同场地软土的物理性质，特别是化学性质差别极大，因此，同一固化剂在不同场地的固化效果相差很大，不同固化剂有不同的软土适用范围。由于固化剂组成的复杂性和软土类型的多样性，工程技术人员常常不能正确地判断固化剂的性能和质量，不能正确地选择和使用软土固化剂。这不仅影响工程的质量和安全，也不利于高效固化剂的推广应用，特别是不利于以工业废渣为原料的软土固化剂的开发与应用。正确判定固化剂性能与质量、正确应用固化剂应参考《软土固化剂》（CJ/T 526）。

优点：对湖泊底泥固结速度快，性能好于其他产品；可以降低底泥的含水率，改善底泥的强度；用量相对于其他产品要少，同强度施工时，成本需求更少；固化程度高。对于重金属污染，软土固化技术是非常有效和常用的处理技术。软土固化技术可以有效降低底泥中重金属含量。不同类型底泥有适用的特定组分的固化剂产品。

（2）产品要求。

软土固化剂物理指标应符合表 7.2-2 的规定。

表 7.2-2 软土固化剂物理指标

项目	指标
细度（80 μm 方孔筛筛余量）/（%）	≤10
含水率/（%）	≤1

根据规范《软土固化剂》（CJ/T 526），软土固化剂产品中重金属含量不应超过表 7.2-3 规定的限值。

表 7.2-3 软土固化剂产品中重金属含量限值

序号	控制项目	浸出液限值/（mg/L）
1	总镉	0.01
2	总铅	0.05
3	总铬	0.1
4	总砷	0.05
5	总镍	0.05
6	总锌	1
7	总铜	1

固化土 7 d、28 d 龄期无侧限抗压强度应符合表 7.2-4 的规定，当固化土设计有要求时，还应提供 90 d 龄期的无侧限抗压强度。

表 7.2-4 无侧限抗压强度　　　　　　　　　　　单位：MPa

强度等级	无侧限抗压强度	
	7 d	28 d
1.0	≥0.3	≥1.0
2.0	≥0.6	≥2.0
3.0	≥0.9	≥3.0
1.0R	≥0.5	≥1.0
2.0R	≥1.0	≥2.0
3.0R	≥1.5	≥3.0

当固化重金属污染土时，28 d 固化土浸出液中重金属含量应满足《地下水质量标准》（GB/T 14848）中Ⅳ类限值的规定。pH 值应满足《危险废物鉴别标准 腐蚀性鉴别》（GB 5085.1）的规定。

固化土试样在与场地地下水环境相同的水溶液中浸泡 28 d、90 d、180 d，无侧限抗压强度不应随龄期增长而降低。

7.2.3 底泥处理方案的选择

7.2.3.1 技术选择

宜选择稳定可控、连续运行的处理技术，实现底泥"减量化、无害化、稳定化"目标。可从占地面积、处理周期、天气适应性、环境影响、运营费用等方面综合比较，选择适宜的底泥处理技术。常用底泥处理技术对比见表 7.2-5。

表 7.2-5 常用底泥处理技术对比

技术	技术原理	"减量化、无害化、稳定化"目标实现情况	适用范围
自然脱水干燥	利用太阳光能、空气对流等对底泥进行自然脱水、干燥	不减量，不固化，有较大的二次污染风险	周边有充足的场地可供底泥贮存和自然脱水
直接搅拌固结	添加固化剂，使固化处理后的底泥胶凝成型	不减量，能固化，有二次污染风险	主要应用于干挖底泥、脱水底泥
真空预压	利用密封膜内外气压差，产生负超静孔隙水压力，使底泥层排水固结	小幅度减量，不固化，有二次污染风险	周边场地充足，适合有机质含量低的含砂底泥，主要用于沿海围垦、造地工程
土工管袋	利用土工管袋过滤结构和袋内液体压力实现泥水分离		
带式压滤脱水	利用滤带张力及压辊压力将淤泥颗粒表面的水分离	小幅度减量，不固化，有较大的二次污染风险	脱水未固化，常用于城镇污水处理厂污泥脱水
离心脱水	利用离心力实现固液分离		
板框压滤脱水	利用泥浆泵的压力、滤布过滤脱水		
脱水和固结一体化	脱水与固化技术相结合，同步实现机械脱水与化学固化	大幅度减量，固化、稳定化效果显著，无二次污染风险	可根据不同条件定制化设计，建设底泥处理中心
软土固化	将软土固化剂与底泥充分拌和后，通过软土固化剂各组分之间及其与底泥之间的物理、化学反应，可显著改善土的物理力学性质，且能形成满足环境标准并保持长期稳定的固化体	成本低，固化效率高，无二次污染风险	可根据底泥类型，选择相应组分的软土固化剂

7.2.3.2 设备选择

根据底泥处理技术，选择适宜的设备对底泥进行处理，可选择直接搅拌固结系统、土工管袋、带式压滤机、离心脱水机、板框压滤机、脱水和固结一体化设备系统进行淤泥处理。设备选择应考虑以下因素。

（1）连续稳定运行。

（2）操作简单，设备集成度高。

（3）占地少。

（4）单台设备处理量大。

（5）材料添加均混度高、下料顺畅、持续精确计量、自动监控。

7.2.3.3 材料选择

根据底泥处理技术，选择添加不同材料对底泥进行调质改性、固化等，可选择絮凝剂、固化剂等。材料选择应考虑以下因素。

（1）底泥脱水快，性能稳定可靠。

（2）底泥脱水程度高，投加比例小。

（3）余土呈硬塑状，遇水不泥化，方便运输及后续处置。

（4）实现对淤泥中重金属、难降解有机物等污染物的钝化和固封，满足环境要求。

（5）余土应满足相关的工程技术要求。

7.3 底泥处置

底泥处置包括利用（土地利用、工程利用、建材利用）、热处理（焚烧、热解）、填埋等方式。应综合考虑底泥泥质特征及未来的变化、当地的土地资源及环境背景状况、可利用的水泥厂或热电厂等工业窑炉状况、经济社会发展水平等因素，结合可采用的处理技术，合理确定本地区主要的底泥处置方式或组合。根据处置方式确定具体技术方案时，应进行经济性分析、环境影响分析以及碳排放分析。应将底泥处置与园林绿化、堤防加固、建筑地基填筑、公路铁路建设相结合，统筹考虑，少占耕地。在有条件的地区，积极利用底泥作为建材原料，减少资源开采；对确无循环利用条件、必须占地存放的地区，应先脱水减量，减少土地占用面积。

7.3.1 利用

利用是根据底泥资源化利用途径的需要，采用特定的工艺、设备、材料对底泥或底泥经处理后产生的余土进行处置，使其满足相关标准要求。底泥处理技术如第 7.2 节所述。底泥经处理后产生的余土的处置方法包括：添加辅料，使物理化学性能及成分满足要求；翻拌晾晒，使含水率满足要求；控制掺量或掺配使用，使成品质量满足要求。

7.3.1.1 土地利用

利用底泥本身具备的部分营养成分，将其直接利用或间接转化用作土壤改良剂，用作绿化种植用土时，应满足《绿化种植土壤》（CJ/T 340）的有关规定；用于园林绿化、土地改良的底泥，重金属含量须满足《城镇污水处理厂污泥处置 园林绿化用泥质》（GB/T 23486）及《城镇污水处理厂污泥处置 土地改良用泥质》（GB/T 24600）的要求，具体控制指标与限值要求参照表 7.3-1。

表 7.3-1 园林绿化及土地改良用泥质污染物指标及限值要求

序号	控制项目	限值（干泥）/（mg/kg）	
		酸性土壤（pH 值<6.5）	中性和碱性土壤（pH 值≥6.5）
1	总铅	300	1000
2	总铬	600	1000
3	总砷	75	75
4	总镍	100	200
5	总锌	2000	4000
6	总铜	800	1500
7	总硼	100	150

用于园林绿化、土地改良的底泥，养分含量及土壤容重须满足表 7.3-2 中的技术指标要求。

表 7.3-2 园林绿化及土地改良用泥质养分指标与限值要求

序号	控制项目	限值要求
1	有机物含量（干泥）/（mg/kg）	≥180
2	氮磷钾养分（N+P_2O_5+K_2O）（干泥）/（mg/kg）	≥25
3	容重/（g/cm³）	≥1.8

堆积的改性固化底泥可用于湖区沿岸堆山造景。逐步升高的堆体应堆成斜坡面，坡度应小于1∶2，最大边坡坡度小于淤泥改性土的自然安息角。在机械施工碾压不到的填土部位，辅以人工推土填充，使用小型平板夯夯打密实。具体碾压施工参数见表7.3-3。填方碾压施工全部完成后，考虑景观效果根据图纸进行人工细整，保证地形自然流畅，排水通畅。同时，对表面进行松翻，翻地深度为30 cm，外运种植土并以30 cm厚度均匀覆盖在最上层，作为绿化用土壤。堆积标准参考《堤防工程设计规范》(GB 50286)。

表 7.3-3 山体堆筑碾压施工参数

施工工艺	振动压实
虚铺厚度	500~600 mm
压实能力	16 t 振动压路机
间距	满压
压实遍数	6~8 遍
压实系数	≥0.92
使用范围	山基以上的山体填筑
目的	通过分层压实达到压实质量的设计要求

7.3.1.2 工程利用

当底泥不具备土地利用条件时，可考虑采用工程利用的处置方式。底泥工程利用的主要形式包括将底泥转化为建设用地地基用土，以及堤防、港口、公路、铁路、机场等工程的填土。

（1）建设用地地基用土。

用作建设用地地基土时，应满足《土壤环境质量 建设用地土壤污染风险管控标准（试行）》（GB 36600）、《建筑地基基础设计规范》（GB 50007）、《建筑地基基础工程施工质量验收标准》（GB 50202）的有关规定。

（2）堤防工程填土。

用作堤防工程填土时，应满足《堤防工程设计规范》（GB 50286）、《水利水电工程天然建筑材料勘察规程》（SL 251）、《堤防工程施工规范》（SL 260）、《水利水电工程单元工程施工质量验收评定标准 堤防工程》（SL 634）的有关规定。

（3）港口工程填土。

用作港口工程填土时，应满足《港口道路与堆场设计规范》（JTS 168）的有关规定。

（4）公路工程填土。

用作公路路基填土时，应满足《公路路基设计规范》（JTG D30）、《公路路基施工技术规范》（JTG/T 3610）的有关规定；用作公路路面基层和底基层细集料时，应满足行业标准《公路沥青路面设计规范》（JTG D50）、《公路路面基层施工技术细则》（JTG/T F20）的有关规定。

（5）铁路工程填土。

用作铁路工程填土时，应满足《铁路路基设计规范》（TB 10001）、《铁路特殊路基设计规范》（TB 10035）、《铁路路基工程施工质量验收标准》（TB 10414）、《高速铁路路基工程施工质量验收标准》（TB 10751）的有关规定。

（6）机场工程填土。

用作机场工程填土时，应满足《民用机场岩土工程设计规范》（MH/T 5027）、《民用机场沥青道面设计规范》（MH/T 5010）、《民用机场水泥混凝土道面设计规范》（MH/T 5004）、《民用机场水泥混凝土面层施工技术规范》（MH 5006）、《民用机场飞行区场道工程质量检验评定标准》（MH 5007）的有关规定。

7.3.1.3 建材利用

底泥建材利用的主要形式包括利用底泥或余土生产陶粒、烧结砖、蒸压灰砂制品、水泥等。底泥建材利用应符合国家、行业和地方相关标准和规范的要求，并严格防止在生产和使用中造成二次污染。

（1）生产陶粒。

利用底泥或余土生产陶粒时，原料及产品质量应满足《轻集料及其试验方法 第 1 部分：轻集料》（GB/T 17431.1）、《轻集料及其试验方法 第 2 部分：轻集料试验方法》（GB/T 17431.2）的相关规定。

（2）生产烧结砖。

利用底泥或余土生产烧结砖时，原料及产品质量应满足《烧结普通砖》（GB/T 5101）、《烧结多孔砖和多孔砌块》（GB 13544）和《烧结空心砖和空心砌块》（GB/T 13545）的有关规定。

（3）生产蒸压灰砂制品。

利用底泥或余土生产蒸压灰砂制品时，原料及产品质量应满足《蒸压灰砂实心砖和实心砌块》（GB/T 11945）、《蒸压灰砂多孔砖》（JC/T 637）、《蒸压加气混凝土砌块》（GB/T 11968）、《墙体材料应用统一技术规范》（GB 50574）的有关规定。

（4）生产水泥。

底泥或余土用于生产水泥时，原料及产品质量应满足《水泥窑协同处置固体废物污染控制标准》（GB 30485）、《水泥窑协同处置固体废物技术规范》（GB/T 30760）、《水泥窑协同处置固体废物环境保护技术规范》（HJ 662）、《通用硅酸盐水泥》（GB 175）的有关规定。

7.3.2 热处理

当底泥不具备利用条件时，可考虑采用焚烧及热解的处置方式。底泥的焚烧、热解处置可参照《固体废物处理处置工程技术导则》（HJ 2035）进行。底泥焚烧、热解后的灰渣，应首先考虑进行建材利用；若没有利用途径，可直接填埋；经鉴别属于危险废物的灰渣和飞灰，应纳入危险废物进行管理。

7.3.3 填埋

当底泥泥质不适合土地利用、工程利用，且当地不具备建材利用和热处理条件时，可进行填埋处置。底泥填埋前需要进行减量化、无害化、稳定化处理。严格限制并逐步禁止未经深度脱水的底泥直接填埋。

7.3.3.1 卫生填埋

底泥或余土卫生填埋应符合《生活垃圾填埋场污染控制标准》（GB 16889）、《生活垃圾卫生填埋处理技术规范》（GB 50869）、《生活垃圾填埋场渗滤液处理工程技术规范（试行）》（HJ 564）、《固体废物处理处置工程技术导则》（HJ 2035）的有关规定。

7.3.3.2 一般工业固体废物处置

底泥或余土作为一般工业固体废物处置时，填埋场、处置场应符合《一般工业固体废物贮存和填埋污染控制标准》（GB 18599）、《固体废物处理处置工程技术导则》（HJ 2035）的有关规定。

7.4 余水处理与处置

7.4.1 余水排放标准确定

7.4.1.1 主要控制污染物

目前国内已实施的以氮、磷为主要污染物的环保疏浚工程的余水水质标准均以悬浮物（SS）为主要控制项目；对于重金属污染的底泥，除控制 SS 指标外，还需要控制水体中溶解态重金属的浓度。

7.4.1.2 余水排放建议标准

余水经过处理后，可就近排入市政污水管网或河道、湖泊、海洋等自然水体。具备纳管条件排入市政污水管网系统的余水，应符合《污水排入城镇下水道水质标准》（GB/T 31962）的要求。排入自然水体的余水，根据监管部门对此类项目行业性质的认定，可选择执行下列标准：《污水综合排放标准》（GB 8978）中的一级标准、二级标准，《城镇污水处理厂污染物排放标准》（GB 18918）中的一级 A 标准、一级 B 标准，《地表水环境质量标准》（GB 3838）中的Ⅲ类、Ⅳ类、Ⅴ

类水域水质标准。余水用作农田灌溉用水还应满足《农田灌溉水质标准》(GB 5084)的规定。余水排放基本控制项目可按表 7.4-1 执行或协商约定。根据改善受纳水体水质或生态补水需要等，余水排放可提高执行标准，余水排放口应符合环保管理规范。余水作为再生水资源用于农业、工业、市政等方面时，还应满足相应的用水水质要求。

表 7.4-1 余水基本控制项目最高允许排放浓度（日均值） 单位：mg/L

序号	基本控制项目	Ⅰ	Ⅱ	Ⅲ	Ⅳ	Ⅴ	Ⅵ	Ⅶ	Ⅷ
1	pH 值	6.5~9.5	6~9	6~9	6~9	6~9	6~9	6~9	6~9
2	SS	400	70	200	10	20	—	—	—
3	COD	500	100	150	50	60	20	30	40
4	NH_3-N	45	15	25	5（8）	8（15）	1.0	1.5	2.0
5	TP	8	—	—	0.5	1	0.2（湖、库 0.05）	0.3（湖、库 0.1）	0.4（湖、库 0.2）

注：Ⅰ类排放标准为 GB/T 31962 中的 B 级标准；Ⅱ类、Ⅲ类排放标准分别为 GB 8978 中的一级标准、二级标准；Ⅳ类、Ⅴ类排放标准分别为 GB 18918 中的一级 A 标准、一级 B 标准；Ⅵ类、Ⅶ类、Ⅷ类排放标准分别为 GB 3838 中的Ⅲ类、Ⅳ类、Ⅴ类水域水质标准。

7.4.2 余水处理技术

根据水质特点、项目周期、投资额及占地面积等因素选择适宜的物理、化学、生物法及其相互之间的组合技术处理余水。针对短期项目，由于水质、水量波动大，考虑投资额及占地面积等因素，可采用物理、化学法进行处理；针对长期运营项目，考虑成本等因素，可采用生物法进行处理。

7.4.2.1 物理、化学法

（1）中和。

中和是通过加入药剂将溶液的 pH 值调节到中性的反应过程。中和工艺装置和管路应采用抗压、防腐蚀、耐高温材料，同时配备液位计和 pH 计，对液位和

pH 值进行在线监控。综合考虑排水规模、排水 pH 值、市场供应情况、审批监管政策等因素，可选用液态、气态等酸性或碱性药剂，应优先考虑利用废碱（酸）液、碱性（酸性）废渣进行中和反应。

（2）絮凝沉淀。

絮凝是将悬浮于液态介质中的微小、不沉降的微粒凝聚成较大、易沉降的颗粒的过程。沉淀是将原液中的一种或几种成分通过化学反应转变为固相物质的过程。絮凝和沉淀过程通常在同一装置内进行。余水处理过程产生的絮凝沉淀类型包括氢氧化物沉淀、硫化物沉淀、硅酸盐沉淀、碳酸盐沉淀、无机或有机配合物沉淀等。絮凝设备、连接管道、投配机和搅拌机等应采用防腐蚀材料或进行防腐处理。絮凝沉淀过程应严格控制 pH 值。有条件时应设置 pH 值自动控制仪，并与加药计量泵耦合，以保证最佳的絮凝沉淀效果。絮凝剂和助凝剂品种选择及其用量，应根据原水絮凝沉淀试验结果或参照相似条件下的运行经验等，经综合比较确定。

对于含重金属底泥的余水处理而言，现阶段最合适的处理技术应该是中和沉淀法，通过化学反应使重金属离子变成不溶性物质而从水相中沉淀分离出来，污染物转移至固相物质，固相物质可以与干化底泥合并处理处置。

（3）氧化还原。

氧化还原是通过氧化或还原反应，使余水中的有毒有害成分价态发生变化，转化为无毒害或低毒害且具有化学稳定性物质的过程。氧化还原常作为含重金属废物、金属硫化物、金属氰化物等有毒有害无机物及难降解有机物的余水处理技术。

常用氧化剂包括氯和次氯酸盐、过氧化氢、高锰酸钾、臭氧等。氧化剂的使用、贮存应符合以下要求。

① 采用氯和次氯酸盐作为氧化剂处理余水应严格控制 pH 值以保证氧化效果。应采取措施预防氯气贮存和搬运过程中的潜在危险。

② 过氧化氢适用于处理含有氰化物、甲醛、硫化氢、对苯二酚、硫醇、苯酚和亚硫酸盐等成分的余水。过氧化氢应保存于专用贮存容器，并加入抑制剂保证过氧化氢贮存过程中的分解率小于 1%。

③ 高锰酸钾适用于处理含有酚类化合物、氰化物等物质的余水，如含可溶性铁和锰的酸性余水等。

④ 臭氧适用于处理含有氰化物、酚类化合物和卤代有机化合物等成分的余水。

常用还原剂包括二氧化硫、硫酸亚铁、亚硫酸盐、硼氢化钠等。还原剂的使用应符合以下要求。

① 二氧化硫、硫酸亚铁、亚硫酸盐适合于处理含铬余水，应严格调节pH值和氧化还原电位控制反应进程。

② 硼氢化钠适用于处理含铅、汞、银、镉等重金属的废液，以及含酮、有机酸、氨基化合物等有机化合物的余水。

对于含有毒、有害、难降解有机物的余水处理，基本思路是先采用高级氧化技术将有毒、难降解物质进行氧化，转化为低毒、易生物降解的低分子有机物，而后再根据实际情况采用生物处理技术将其矿化。

7.4.2.2 生物法

生物法是根据水质及排放要求，采用适宜的活性污泥法或生物膜法达到去除污染物质的目的，包括曝气法、A/O及AAO（anaerobic-anoxic-oxic，厌氧-缺氧-好氧）工艺、MBBR（moving biological bed reactor，生物移动床反应器）、EMBR（electrode-membrane biological reactor，电场-膜生物反应器）、生物滤池、生物转盘及生物接触氧化法等。

7.4.3 污泥处理技术

余水处理过程中产生的污泥，根据污泥量及污泥特性，可选择污泥脱水工艺进行处理，或将污泥收集，与底泥合并处理处置。

第 8 章 水体稳定控制

本章内容适用范围：不是完全黑臭状态，生态并未彻底破坏或者清淤之后需要原位进行生态修复的河湖水体。

8.1 水体稳定控制简述

清淤过程中机械搅吸扰动导致底泥沉积物扩散，使得清淤区域内水质变化幅度大。由于清淤作业导致水体溶氧变化，以及对底泥微生态的干预，在一定时间内营养盐释放，有机质、沉淀的重金属等重新悬浮不可避免。蓝藻暴发、水质恶化在清淤后相当长的一段时间内反复发生，严重影响了清淤工程的整体形象。因此，水体稳定控制是防止清淤后水体失稳的必要措施。

水体稳定控制的概念：水体稳定控制指的是清淤前后，采用无污染、利于后续生态修复的物理、微生物技术，将水质波动控制在一定幅度，不引起等级的变化，即在清淤过程中避免水质恶化，以及在清淤之后，水体水质等级优于或等于清淤前的水质。

8.2 水体稳定控制标准

一般清淤水体，水质要求是不低于清淤前的水质。大部分湖泊修复对水质的最低要求是消除劣Ⅴ类，即达到地表Ⅴ类或Ⅳ类标准甚至更高。根据《地表水环境质量标准》(GB 3838)，主要指标（COD、BOD_5、TN、氨氮、TP、pH 值）应符合相应的要求。水质稳定的判定标准为：清淤结束后的半年至一年内，水体水质优于或等于清淤前的水质指标。

除了水质指标，水面感观也应当考虑在内。清淤过程中及清淤后的半年内（若工程在秋冬季完成，判定时间应在次年 7 月 1 日之前），对应区域避免成片水华、蓝藻聚集（聚集的定义：肉眼可见的面积大于 1 m² 的蓝藻漂浮区），高级水生生物种群不发生大的扰动，水面没有明显可见的死鱼（每亩水面死鱼不超过 2 条）。此外，清淤区域不应产生扰民的气味，具体为污泥泛起产生的臭味，藻类异常增长产生的水腥味、臭味等。

归纳起来，水体稳定控制标准为以下四条。

（1）水质的主要指标参照《地表水环境质量标准》（GB 3838）的标准与清淤前相当或更优。

（2）清淤过程中及清淤后工程区域避免蓝藻暴发。

（3）清淤过程的感观控制：无不良气味，无蓝藻漂浮带形成。

（4）保证清淤不对原有鱼类产生伤害，无死鱼。

8.3 水体稳定控制措施

水体稳定控制包括除臭、水质稳定控制及蓝藻的预防和控制。

1.除臭措施

清淤工作区域由于搅动造成底泥上浮，继而局部搅动厌氧黑臭底泥，水体散发臭味。针对气味的去除，结合环保需求，应在施工前一周以及施工过程中采取生物除臭手段。采用省部级水利部门认证过的农业农村部许可产品名录内的除臭菌株及产品，新产品必须有省级疾控中心的动物无害试验证明，按照有效活菌终浓度为 $10^5\sim10^6$ CFU/mL（投加到水体之后的水体有效作用微生物的浓度），以作业区域为中心，以半径 100 m 范围为作业面，每日投放 1~2 次。除臭效果按照鼻嗅法和仪器测定法进行评定，等级为 0~1 级判定为有效。要求投放的除臭产品环保、无二次污染，不破坏当前水质，不含次氯酸、活性氧、重金属、农药以及国家明令禁止的成分。

2.水质稳定控制措施

按照清淤前多点采样的水质测定数据，设定水质稳定控制的目标值。作业区域清淤过后要抑制底泥营养盐的释放。根据清淤面积以及水体深度，按照地表Ⅳ类的标准进行水质稳定施工。

COD增加主要是底泥腐殖质的重悬浮以及短时间内藻类的大量增长造成的，可溶性氮磷的释放是溶氧变化、微生物活动的结果。因此，水体稳定主要是消除COD和氮磷。采用物理沉降，配合COD降解菌剂以及脱氮菌剂的投放即可达到环保清淤的要求。具体措施如下。

（1）计算扩散面和水体容量：面积在200亩以下的小型湖泊，建议以全部面积为准；面积较大的湖泊清淤，则以清淤面外延200 m为界，计算扩散面和施工水体容量。

（2）无机絮凝剂或生物絮凝剂的投加：按照10~20 mg/L的含量，投加沸石粉、膨润土、二氧化硅等无机絮凝剂，或者聚谷氨酸、壳寡糖类生物絮凝剂。

（3）COD降解菌剂的投放：根据COD的数值，投放经验证的降解菌剂，具体添加量Q（g）按照式（8.3-1）计算。

$$Q = \sum_{i=1}^{n}(\mathrm{COD}_{\mathrm{now}} - \mathrm{COD}_0) \times V \times a \times i \quad (8.3\text{-}1)$$

式中：$\mathrm{COD}_{\mathrm{now}}$——当前COD数值，mg/L；

COD_0——清淤前或要达到的COD值，mg/L，如无特殊要求，该值以《地表水环境质量标准》（GB 3838）中地表水Ⅳ类标准30 mg/L作为默认值；

V——清淤区域的水体总容量，m³；

a——推荐使用的微生物菌剂量，按照认证的菌的浓度，a取值为1~10；

i——投放的次数，取值为1~n；

n——使用频率，正常清淤施工时，2次/周；用于预防及清淤后的水体稳定控制时，1次/周。

（4）脱氮菌及调理菌剂的施工：脱氮菌主要是在水体总氮、氨氮偏高时使用，其功能是通过同化或转化的方式，降低水体总氮及氨氮，同时COD不受影响；调理菌剂主要是用于抑制水体不良气味，包括水腥味、腥臭味。脱氮菌的用量按照式（8.3-1）计算，a取值为1~5，n取值为2次/周。调理菌剂主要由枯草芽孢杆菌（浓度不低于 500 亿个/g）、光合细菌（浓度不低于 15 亿个/mL）、酵母菌（浓度不低于 200 亿个/g）、乳酸菌（浓度不低于 300 亿个/mL）等益生菌组成，均匀喷洒于施工区域，具体添加量 Q（mL）按式（8.3-2）计算。

$$Q = A \times N \times 6 \qquad (8.3\text{-}2)$$

式中：A——施工面积，m^2；

N——施工频率，夏季 2~4 次/周，冬季 1~2 次/周。

3. 蓝藻的预防和控制措施

预防蓝藻主要从三方面入手。

① 降低营养盐含量：降低可利用的氮、磷，特别是总氮和氨氮的含量，可以抑制微囊藻、束丝藻、鱼腥藻和螺旋藻等的生长。

② 改变蓝藻附着细菌种类：蓝藻生长需要细菌合成维生素和其他限制因子，使用益生菌可改变蓝藻表面附着菌群，降解蓝藻的囊膜，直接限制蓝藻增殖。

③ 重建食物网和减少藻群数量：采用溶藻菌、营养菌群，增加水体原生动物、浮游动物的多样性，该类动物可直接杀灭或捕食蓝藻，使水体形成正常的微生态环境，营养盐、有机质最终通过微生物降解和鱼类富集去除，维持水质，长久控制蓝藻的暴发。

预防蓝藻采用调理菌剂，在清淤过程中严格执行相关规范的要求，通过监测水体蓝藻细胞浓度决定施工的频率。水体总的蓝藻细胞浓度应该不超过 1.0×10^6 个/mL。当蓝藻细胞浓度达到临界值时，施工频率增加到 4 次/周。当蓝藻细胞浓度不超过 1.0×10^5 个/mL 时，施工频率调整为 10 d 一次。

当蓝藻细胞浓度超过临界值时，应立即启动溶藻菌和 COD 降解菌施工，频率改成每日 1 次。溶藻菌施工量参照式（8.3-1）计算。蓝藻细胞浓度降低到安全限值以内方可停止施工。

8.4 余水稳定控制

国内已实施的以氮、磷为主要污染物的环保疏浚工程的余水水质标准均以悬浮物（SS）为主要控制指标；对于重金属污染的底泥，除控制 SS 指标外，还应控制水体中溶解态重金属的浓度。

8.4.1 余水稳定控制标准

（1）余水应集中处理，达标后排放。

（2）余水处理量应结合底泥处理工艺、堆场停留时间等，根据底泥处理的产水率确定。

（3）对于排入正在实施水环境治理工程的河湖水域内的余水：

① 其 pH 值不得超过原河湖水体的 pH 值；

② 其悬浮物（SS）指标值不得超过原河湖水体的悬浮物（SS）指标值；

③ 当河湖底泥存在重金属污染时，余水的溶解态重金属浓度不得超过原河湖水体的重金属浓度。

（4）对于排入已实施水环境治理工程的河湖水域内的余水，其水质等级不低于该河湖水质等级后方可排入。

（5）对于排入功能水体的余水，其排放标准应符合相应标准的规定。根据改善受纳水体水质或生态补水需要等，可相应提高余水排放的执行标准。

（6）余水作为再生水资源用于农业、工业、市政等方面时，还应满足相应的用水水质要求。

具体可以参考表 8.4-1。

表 8.4-1 国内部分环保疏浚工程余水排放水质标准

工程名称	受纳水体		排放余水水质指标 /（mg/L）		
	名称	水质目标/类	SS	NH_4^+-N	TP
滇池草海污染底泥疏浚一期工程	滇池草海	Ⅳ	300	—	—
滇池草海污染底泥疏浚工程	滇池草海	Ⅳ	300	—	—
滇池污染底泥疏浚二期工程	滇池外海	Ⅲ	70	15	0.1
巢湖污染底泥疏浚一期工程	巢湖	Ⅳ	300	—	—
合肥污染底泥疏浚一期工程	巢湖	Ⅳ	300	—	—
"太湖流域安全饮用水保障技术"示范工程	太湖五里湖	Ⅳ	200	—	—

8.4.2 余水稳定控制措施

根据余水特征及排放要求，余水一级处理可采用气浮、沉淀和过滤技术；二级处理可结合余水特征，参考污水处理工艺流程，采取适宜的技术。

① 一级处理。余水处理设备及构筑物主要包括加药设备、混合池、絮凝反应池和沉淀池。在环保疏浚余水处理中，加药设备通常采用湿投法。余水处理常用的絮凝剂包括无机絮凝剂、有机高分子絮凝剂、复合絮凝剂、微生物絮凝剂。投药方式包括输泥管投药和堆场溢流口投药。一级处理主要是去除污水中呈悬浮状态的固体污染物质。物理处理法大部分只能满足一级处理的要求。经过一级处理的污水，BOD 一般可去除 30%左右，达不到排放标准。一级处理属于二级处理的预处理。

② 二级处理。二级处理主要是去除污水中呈胶体和溶解状态的有机污染物质、氮和磷等，去除率可达 90%以上，使有机污染物达到排放标准。

③ 三级处理。三级处理主要是进一步处理难降解的有机物，深度脱氮除磷，以及处理能够导致水体富营养化的可溶性无机物等。

余水处理的整个过程如下。通过粗格栅的原污水经过污水提升泵提升后，经过格栅或者砂滤器，之后进入沉砂池，经过砂水分离的污水进入初次沉淀池，以上为一级处理（即物理处理）。初次沉淀池的出水进入生物处理单元。生物处理单元应用的余水处理方法有活性污泥法、MBBR 和生物膜法。其中，活性污泥法的反应器有曝气池、氧化沟等；MBBR 法的反应器包括悬浮填料处理系统、固定填料处理系统、预挂膜流态生物填料系统等；生物膜法的反应器包括曝气生物滤池、生物转盘、生物接触氧化法和生物流化床。生物处理单元的出水进入二次沉淀池。二次沉淀池的污泥一部分回流至初次沉淀池或者生物处理设备；另一部分进入污泥浓缩池，之后进入污泥消化池，经过脱水和干燥后，污泥被最后利用。二次沉淀池的出水经过 UV（ultraviolet ray，紫外线）、加氯消毒排放或者进入三级处理。三级处理方法包括生物脱氮除磷法、EMBR、砂滤法、活性炭吸附法、离子交换法和电渗析法。根据成本，优先使用强化生物深度降解技术，采用 A/O 填料处理工艺，使出水水质达到《地表水环境质量标准》（GB 3838）中规定的地表水Ⅱ类以上标准。

第 9 章 环境保护方案

9.1 一般规定

清淤、底泥处理过程中产生的废水、扬尘、恶臭、噪声及固废等，应当采取有效措施，最大限度地减少它们对环境的污染和影响，满足环保要求。

9.2 防细颗粒扩散方案

9.2.1 底泥疏挖

通常底泥疏挖有干塘清淤和水下清淤两种方式。底泥疏挖过程中细颗粒扩散的原因主要包括船体与设备的移动、绞刀头的作业等。在这一阶段，防细颗粒扩散的方式包括：选择专用的环保疏浚设备，采用环保绞刀头；优化疏浚施工工艺，当疏浚浮泥层时，采取只吸不挖的方法；利用泥浆泵直接吸取浮泥，可减小挖掘头的扰动作用；对于较厚的泥层，采取分层挖的方法，减小一次挖泥厚度，避免因被搅起的底泥过多不能完全被挖泥船泥泵吸走而引起扩散；在疏浚作业中，由设计挖泥标高的高处向低处施工；围栏单侧疏浚或改造优化绞刀吸口位置。

9.2.2 底泥处理

底泥处理过程中细颗粒扩散主要发生在药剂等散装物料的运输、临时存放及堆放等环节。应采取防风遮挡措施，以减少起尘量。装卸有粉尘的材料时，应洒水湿润和在仓库内进行。

9.3 疏浚过程的防臭方案

9.3.1 臭味成分的测定

底泥富含腐殖质，可不断分解释放悬浮颗粒，厌氧微生物消解有机污染物产生大量恶臭气体（如硫化氢、氨气等）。臭味测定方法包括嗅觉测定法和仪器分析法。

（1）嗅觉测定法。

嗅觉测定法是将人的鼻子作为臭气探测器进行臭气的测量，分为主观测量法（只利用鼻子而不利用其他设备进行测量）和客观测量法（鼻子和一些稀释设备联合使用）两种类型。

臭气采样方法及恶臭浓度的测定可参照《空气质量 恶臭的测定 三点比较式臭袋法》（GB/T 14675）。

目前，对物质的感觉评定标准有六级臭气强度法和九级厌恶度两种。应用较多的是六级臭气强度法。该方法根据恶臭气体气味的强弱，将恶臭气体划分为六级，分别是：0级，无臭；1级，勉强感到轻微臭味；2级，容易感到轻微臭味；3级，明显感到臭味；4级，强烈臭味；5级，无法忍受。

嗅觉测定法一般用于复合恶臭的强度、嫌恶性、公害原因等的检测和评价。该方法灵敏，通常百万分之一级（体积比），甚至十亿分之一级的臭气即可被人感知，而且检测时间短，操作容易，因此在各国的臭气测量中普遍采用。

（2）仪器分析法。

仪器分析法主要研究臭气成分和浓度，确定除臭剂及脱臭设施，利用恶臭物质反应生成物颜色、发光和离子化分析等原理，用气相色谱、色质联机、分光光度计、化学发光等方法进行分析，具有客观、可重复、精确度高的优点。更为重要的是，它能够与带有气味的气体的形成和散发的理论模型直接联系起来。

9.3.2 臭气的控制

原则上要求堆场远离居民区，必要时需从输送和堆置两个环节控制臭气。在疏浚底泥输送过程中，全程封闭，采用压力管道密闭输送，同时，可考虑在管道中投加强氧化剂或生物菌剂，在密闭管道系统中进行混合反应，将还原态臭味物质氧化去除，达到完全或者部分消除臭味的效果。

另外，在构建临时堆场时，可以考虑多组并行，尽量减少底泥与外界大气环境的接触面积和接触时间。堆场可设置喷雾除臭隔离墙，通过添加除臭剂或生物菌剂进行高效除臭。在其中一格或者数格底泥堆置工作完成后，尽可能快地在堆置底泥顶部种植当地草本植物，减少底泥中残余的挥发性臭味外泄。

目前，臭气的处理方法主要有三种：物理脱臭法、化学除臭法及生物脱臭法。在环保疏浚工程中采用较多的是氧化法、吸收法、吸附法与中和脱臭法。

9.4 堆场的防污措施

9.4.1 堆场围堰防侧渗

围堰防渗可参照堤坝防渗的做法。目前常用的堆场围堰防侧渗方法包括构筑黏土夹心墙、铺设土工膜等。

9.4.2 堆场底部防渗

建设在透水地基上的污染底泥堆场必须有效防止底部渗漏。堆场底部防渗可参照《渠道防渗工程技术规范》（SL 18）和《生活垃圾卫生填埋场防渗系统工程技术规范》（CJJ 113）。堆场底部防渗措施必须具有经济性和实用性，因地制宜利用当地天然材料防渗的方案应作为首选方案。

9.4.3 堆场顶部防冲刷

堆场顶部防冲刷措施主要有：植树种草，覆盖地面；用混凝土喷射机将混凝土喷射至堆场顶部，防止堆场顶部被冲刷。

9.5 管理措施

9.5.1 制定余水排放标准，控制排放水的质量

施工机械运转中产生的油污水，采取油水分离措施处理，修建可冲洗厕所并设化粪池，厕所污水及其他生活污水排入污水管网，送入污水处理厂处理。若条件受限，无法就近进入污水管网，应采用 EMBR 进行快速净化，出水达到《城

镇污水处理厂污染物排放标准》（GB 18918）中的一级 A 标准方可排放。

底泥处理过程中产生的余水，采用 pH 值调节及投药沉淀等方法，保证排放余水达到环保部门的要求。

9.5.2 控制声环境影响及对策

针对声源的不同特性，分别采取设置隔声板、隔声机房，安装消声器、隔声门窗和挂贴吸声材料等措施来控制噪声。污泥处理车间建筑内层钢板可采用穿孔板结构，中间离心玻璃棉隔热层同样具有消声作用，使车间内壁具有吸声效果，以降低室内混响声。风机噪声控制主要采用消声器和隔声及隔振技术。

9.5.3 加强污染底泥输送及利用管理

底泥输送方式包括管道输送、汽车输送及船舶输送。汽车输送及船舶输送过程中采用篷布覆盖等方式，防止底泥洒落及异味散出。

在污染底泥综合利用的过程中，应根据利用途径的特点将污染底泥固封或分解去除污染底泥中的污染物，避免污染物扩散。

第 10 章 工程监测设计

10.1 一般规定

（1）湖泊清淤及底泥处理处置工程监测的主要目的是确保工程实施全过程的合理性、安全性及有效性。工程实施的合理性包括施工工艺、施工范围及工程预期目标设置的合理性；工程实施的安全性包括施工人员的人身安全、施工过程中的环境安全及生态安全；工程实施的有效性是指工程预期目标的完成程度高及后评价情况好。

（2）湖泊清淤及底泥处理处置工程主要监测主体应包括水体监测、底泥监测、底泥堆场监测和底泥处理处置厂监测。

（3）湖泊清淤及底泥处理处置工程主要监测环节应包括设计阶段监测、施工过程监测和施工结束后监测。

（4）湖泊清淤及底泥处理处置工程主要监测项目应包括水（底泥）环境、水（底泥）生态、场地环境、水文情势和地形地貌等。

（5）各施工单元应根据具体的施工工艺制定相应的监测方案，清淤工程与底泥处理处置工程若同步实施，可联合制定监测方案；清淤工程与底泥处理处置工程若分阶段实施，需分开制定监测方案。

10.2 监测项目

10.2.1 水体监测项目

水体监测项目主要包含环境监测、生态监测、水文情势监测和地形地貌监测。

（1）水体环境监测指标包括水体的浊度、悬浮物、溶解氧、生化需氧量、总磷、总氮、氨氮、重金属等。

（2）水体生态监测内容为高等水生植物、浮游生物与底栖生物的种类、数量、分布。

（3）水体水文情势监测内容为湖泊的水力、流沙、水深、水期、流量。施工期仅对水期、流量进行调查观测。

（4）水体地形地貌监测内容为湖泊的水准高程，深潭、浅滩、故道等单元变化情况，以及水系连通情况。施工期及施工完成后仅监测水系连通情况。

10.2.2 底泥监测项目

底泥监测项目主要包含环境监测、生态监测和场地环境监测。

（1）底泥环境监测指标包括底泥的营养盐、重金属及有机类污染物的含量及分布规律等。

（2）底泥生态监测内容为高等水生植物、浮游生物与底栖生物的种类、数量、分布，以及底泥微生物种群及数量，病原菌的种类和含量。

（3）底泥场地环境监测内容为湖底地形、断面；有机质、粒径、比重、密度、含水率、界限含水率等随深度分布规律。施工期仅监测底泥厚度。

10.2.3 底泥堆场及处理处置厂监测项目

底泥堆场及处理处置厂监测项目主要包含排水量及水质监测、渗漏及地下水质监测、土壤环境监测等。

（1）底泥堆场及处理处置厂排水水质监测指标包括悬浮物、浊度、高锰酸盐指数、总磷、总氮、氨氮、重金属等，重点监测指标为当地环保部门规定的余水排放控制指标。

（2）底泥堆场及处理处置厂地下水质监测指标为水位、pH 值、电导率、高锰酸盐指数、总磷、总氮、氨氮、重金属等。

（3）底泥堆场及处理处置厂土壤环境监测指标为含水率、有机质、重金属、有机污染物等。该监测项目仅在设计阶段进行。

10.3 监测布置与监测频率

10.3.1 监测布置

（1）水体环境监测及生态监测布置。

水体环境监测与生态监测布置要求一致。设计阶段及施工完成后，在每个重要入水口、出水口及水面中心区域布设监测点，确保有 3~5 个监测点在清淤范围内。施工阶段在每个重要入水口、出水口持续监测，同时在挖泥船周边 10 m 范围处重新布设 3~5 个监测点，并在非疏浚区布设对照监测点。

（2）水体水文情势监测布置。

设计阶段和施工完成后，在水域按 100~200 m 距离呈网格状或交错梅花状布置勘探点，小区域、孤立区域的勘探点不得少于 3 个。施工阶段在重要入水口及出水口持续进行流沙观测，在清淤完成后的水域按 10~20 m 距离呈网格状或交错梅花状布置水深监测点。

（3）水体地形地貌监测布置。

在划定的区域内沿岸整体观测。

（4）底泥环境监测及生态监测布置。

底泥环境监测及生态监测点位与水体环境监测及生态监测点位的平面位置一致。在施工阶段，需在非疏浚区布设对照监测点。

（5）底泥场地环境监测布置。

设计阶段和施工完成后，对湖泊地区块状水域按 100~200 m 距离呈网格状或交错梅花状布置勘探点；小区域、孤立区域的勘探点不得少于 3 个。施工阶段在清淤完成后的水域按 10~20 m 距离呈网格状或交错梅花状布置水深监测点。

（6）底泥堆场、底泥处理处置厂排水量及水质监测布置。

在每个堆场排水口及入水口布置排水量及水质监测点。

（7）底泥堆场、底泥处理处置厂渗漏及地下水质监测布置。

在每个堆场围堰外沿地下水下游方向 30~40 m 处布设监测井点，同时在地下水上游方向布设一眼对照监测井。

（8）底泥堆场、底泥处理处置厂土壤环境监测布置。

设计阶段，在底泥堆场或底泥处理处置厂范围内按 100 m×100 m 网格均匀布设平面点位，每个点位深度方向上每隔 3~5 m 取样监测。

（9）底泥堆场、底泥处理处置厂空气恶臭监测布置。

在每个底泥堆场或底泥处理处置厂围堰下风口位置及周边敏感处进行监测。

（10）底泥堆场、底泥处理处置厂噪声监测布置。

在堆场或处理处置厂周边 500 m 范围内及噪声敏感区布设 3~5 个监测点。

10.3.2 监测频率

（1）水体环境监测及生态监测频率。

设计阶段不少于两次；施工阶段每天不少于一次；施工完成后每半年不少于一次，连续监测三年。

（2）水体水文情势监测频率。

设计阶段不少于一次；施工阶段流沙观测每天不少于一次；施工完成后每半年不少于一次，连续监测三年。

（3）水体地形地貌监测频率。

设计阶段不少于一次；施工阶段每周不少于一次；施工完成后每半年不少于一次，连续监测三年。

（4）底泥环境监测及生态监测频率。

设计阶段不少于两次；施工阶段每天不少于一次；施工完成后每半年不少于一次，连续监测三年。

（5）底泥场地环境监测频率。

设计阶段不少于一次；施工阶段每天不少于一次；施工完成后每半年不少于一次，连续监测三年。

（6）底泥堆场、底泥处理处置厂排水量及水质监测频率。

设计阶段不少于两次；施工阶段跟踪监测，底泥堆场每周不少于一次，底泥处理处置厂每天不少于一次；施工完成后每半年不少于一次，连续监测三年。

（7）底泥堆场、底泥处理处置厂渗漏及地下水质监测频率。

设计阶段不少于两次；施工阶段跟踪监测，每周不少于一次；施工完成后每半年不少于一次，连续监测至堆场清空。

（8）底泥堆场、底泥处理处置厂土壤环境监测频率。

设计阶段不少于一次。

（9）底泥堆场、底泥处理处置厂空气恶臭监测频率。

设计阶段不少于一次；施工阶段跟踪监测，每天不少于一次；施工完成后每日连续监测至连续稳定一个月。

（10）底泥堆场、底泥处理处置厂噪声监测频率。

设计阶段不少于两次；施工阶段跟踪监测，每天不少于一次。

10.4 监测资料的整编与分析

10.4.1 一般规定

（1）每次仪器监测或现场检查后应对原始记录加以检查和整理，并应及时作出初步分析。每年应进行一次监测资料整编。在整编的基础上，应定期进行资料分析。

（2）宜建立监测资料数据库或信息管理系统，对现场检查、仪器监测资料进行整编。

（3）资料整理与分析过程中发现异常情况，应立即查找原因，并及时上报。

（4）整编成果应做到项目齐全、数据可靠、方法合理、图表完整、规格统一、说明完备。

10.4.2 监测资料整编

（1）人工观测、自动化监测和现场检查均应做好所采集数据的记录。记录应准确、清晰、齐全，应记录监测日期、责任人姓名，以及对监测条件进行必要说明。

（2）每次监测完成后，应及时对原始记录的准确性、可靠性、完整性加以检查、检验。

（3）应根据监测资料，及时检查和判断监测值的变化趋势，作出初步分析。如有异常，应检查有无错误和故障。

10.4.3 监测资料分析

（1）监测资料分析一般采用比较法、作图法、特征值统计法等。

（2）监测资料分析应分析监测物理量的大小、变化规律、趋势，在上述工作的基础上，对各项监测成果进行综合分析，揭示湖泊清淤及底泥处理处置全过程中的异常情况，评估水体、底泥、堆场、处理处置厂的各项状态。

（3）监测资料分析后，应给出监测资料分析报告。

（4）监测资料分析报告和整编资料，应按档案管理规定及时归档。

第 11 章 工程投资

11.1 编制原则

11.1.1 工程概况

简要说明工程基本概况，主要包括淤泥清除，淤泥固化处理，余水处理，泥饼转运、利用及处置，临时工程的搭建、拆除及现场绿化恢复等。

11.1.2 编制范围

依据建设内容，工程投资概算内容包括工程费用、工程建设其他费用、预备费。其中工程费用包括湖泊清淤及淤泥固化处理，余水处理，泥饼转运、利用及处置，临时工程的搭建、拆除及现场绿化恢复等工程费用。

11.1.3 编制依据

（1）《住房城乡建设部关于发布市政公用工程设计文件编制深度规定（2013年版）的通知》（建质〔2013〕57 号）。

（2）《关于印发〈市政工程设计概算编制办法〉的通知》（建标〔2011〕1 号）。

（3）《水利部关于发布〈水利工程设计概（估）算编制规定〉的通知》（水总〔2014〕429 号）。

（4）2002 年水利部水利建设经济定额站主编的《水利工程施工机械台时费定额》；项目批准的可行性研究报告及建设场地的自然条件和施工条件；工程项目初步设计说明和图纸等设计文件。

（5）《住房城乡建设部办公厅关于征求〈建设项目总投资费用项目组成〉

〈建设项目工程总承包费用项目组成〉意见的函》（建办标函〔2017〕621号）。

（6）《湖北省建设厅关于发布〈湖北省建设项目总投资组成及其他费用定额〉的通知》（鄂建〔2006〕26号）。

（7）《省物价局关于放开部分服务价格的通知》（鄂价工服〔2017〕91号）。

（8）《省物价局、省安全生产监督管理局关于放开安全评价服务收费的通知》（鄂价工服〔2017〕63号）。

（9）《国家发展改革委关于进一步放开建设项目专业服务价格的通知》（发改价格〔2015〕299号）。

（10）《湖北省物价局关于放开部分经营服务性价格取消服务性收费备案管理有关事项的通知》（鄂价办〔2015〕92号）。

（11）《湖北省住房和城乡建设厅办公室关于调整湖北省建设工程计价依据的通知》（鄂建办〔2019〕93号）。

（12）住房和城乡建设部《建设工程工程量清单计价规范》（GB 50500）；交通运输部《疏浚工程预算定额》（JTS/T 278-1）；交通运输部《疏浚工程船舶艘班费用定额》（JTS/T 278-2）。

（13）《湖北省房屋建筑与装饰工程消耗量定额及全费用基价表》《湖北省通用安装工程消耗量定额及全费用基价表》《湖北省建设工程公共专业消耗量定额及全费用基价表》《湖北省市政工程消耗量定额及全费用基价表》《湖北省施工机具使用费定额》《湖北省建筑安装工程费用定额》。

（14）类似工程造价指标。

（15）国家及湖北省的其他法律法规。

11.1.4 工程费用计算相关说明

（1）工程费用主要依据鄂建办〔2018〕27号文件发布的定额进行编制。

（2）材料价按最近一期"××市××区建设工程材料价格信息"选用，缺项材料进行市场询价。

（3）税金采用增值税一般计税模式，根据鄂建办〔2019〕93号文件规定，增值税税率按9%计算。

11.1.5 工程建设其他费用计算说明

（1）建设用地费：临时用地费用。在建设期间支付租地费用，根据当地政策，按××元/（亩·年），建设期××年，计入建设用地费。

（2）建设单位管理费：根据财政部《关于印发〈基本建设项目建设成本管理规定〉的通知》（财建〔2016〕504号）计取。

（3）工程监理费：参考《国家发展改革委、建设部关于印发〈建设工程监理与相关服务收费管理规定〉的通知》（发改价格〔2007〕670号），并根据《省物价局、省安全生产监督管理局关于放开安全评价服务收费的通知》（鄂价工服〔2017〕63号）下浮20%计取。

（4）前期工作咨询费：参考《国家计委关于印发建设项目前期工作咨询收费暂行规定的通知》（计价格〔1999〕1283号），并根据《省物价局、省安全生产监督管理局关于放开安全评价服务收费的通知》（鄂价工服〔2017〕63号）下浮20%计取。

（5）工程勘察费、设计费：工程勘察费根据《水利工程设计概（估）算编制规定》、《市政工程设计概算编制办法》第四十四条规定，按工程费用的1.1%计算；工程设计费参考《国家计委、建设部关于发布〈工程勘察设计收费管理规定〉的通知》（计价字〔2002〕10号）计取；施工图预算编制费按设计费的10%计算；竣工图编制费按设计费的8%计算。

（6）环境影响咨询服务费：参考《国家计委、国家环保总局关于规范环境影响咨询收费有关问题的通知》（计价格〔2002〕125号），并根据发改价格〔2011〕534号文下浮20%计取。

11.2 工程投资估算的主要方法

（1）单位建筑工程投资估算指标法。

单位建筑工程投资估算指标法是以单位建筑工程量投资乘以建筑工程总量来估算建筑工程费的方法。

（2）单位实物工程量投资估算法。

单位实物工程量投资估算法是以单位实物工程量投资乘以实物工程总量来

估算建筑工程费的方法。该方法比单位建筑工程投资估算指标法的计算要细致一些,将单位工程各部分实物工程量估算出来后,再计算得出单位建筑工程总价。

(3)类似工程造价的价差调整方法。

① 类似工程造价资料有具体的材料、人工、机械台班的用量时,可按类似工程造价资料中的主要材料用量、工日数量、机械台班用量乘以拟建工程所在地的主要材料预算价格、人工单价、机械台班单价,计算出直接工程费,再行取费,即可得出所需的造价指标。

② 类似工程造价资料只有人工、材料、机械台班费用和其他费用时,可按式(11.2-1)、式(11.2-2)调整。

$$D=AK \quad (11.2\text{-}1)$$

$$K=K_1a\%+K_2b\%+K_3c\%+K_4d\%+K_5e\% \quad (11.2\text{-}2)$$

式中:D——拟建工程每立方米概算造价;

A——类似工程每立方米预算造价;

K——综合调整系数;

$A\%$、$b\%$、$c\%$、$d\%$、$e\%$——类似工程预算的人工费、材料费、机械台班费、措施费、间接费占预算造价的比重;

K_1、K_2、K_3、K_4、K_5——拟建工程所在地区与类似工程所在地区的人工费、材料费、机械台班费、措施费、间接费价差系数,K_1=拟建工程概算的人工费(或工资标准)/类似工程预算的人工费(或工资标准),$K_2=\sum$(类似工程主要材料数量×拟建工程所在地区材料预算价格)÷$\sum$类似工程所在地区各主要材料费,其他指标计算同理。

11.3 工程投资的主要内容

工程投资的主要内容见表11.3-1。

表 11.3-1 淤泥脱水固化工程单价分析表

工程名称：（项目名称）

单价号	1	项目名称	淤泥脱水和固结一体化	项目类型编号	××
定额编号	新编	单位	100 m³（水下方）	项目单价/（元/m³）	85.25
施工说明		初沉、二沉、输送、加药、调浆、脱水固化、堆存			

序号	费用名称	单位	数量	单价	合价
一	直接费				7332.70
1	基本直接费				6714.92
1.1	人工费				155.54
（1）	工长	工时	5.00	8.02	40.10
（2）	高级工	工时	6.00	7.4	44.40
（3）	中级工	工时	6.00	6.16	36.96
（4）	初级工	工时	8.00	4.26	34.08
1.2	材料费				5257.98
（5）	FSA+HEC	t	6.9	680.00	4692.00
（6）	钢构件	kg	20	8.50	170.00
（7）	钢管（200 mm）	m	0.04	200.00	8.00
（8）	流量计	个	0.002	10000.00	20.00
（9）	C30 混凝土	m³	0.05	480.00	24.00
（10）	其他材料费	%	7	4914.00	343.98
1.3	机械费				1301.40
（11）	污水泵 45 kW	台时	0.96	55	52.80
（12）	专用脱水设备（600 型）	台时	2.56	239.56	613.27
（13）	灰渣泵 90 kW	台时	1.28	107.83	138.02
（14）	电动空压机（20 m³/min）	台时	0.96	91.94	88.26

续表

单价号	1	项目名称	淤泥脱水和固结一体化	项目类型编号	××
定额编号	新编	单位	100 m³（水下方）	项目单价/（元/m³）	85.25
施工说明			初沉、二沉、输送、加药、调浆、脱水固化、堆存		

序号	费用名称	单位	数量	单价	合价
（15）	电动空压机（3 m³/min）	台时	0.16	22.42	3.59
（16）	皮带输送机（30 m×0.8 m）	台时	1.6	25.48	40.77
（17）	螺旋秤	台时	0.8	25.94	20.75
（18）	高压水枪	台时	0.4	13.48	5.39
（19）	自动泡药机	台时	1.04	12.47	12.97
（20）	管道静态混合器	台时	1.6	16.25	26.00
（21）	水池（1200 m³）	台时	0.5	112.10	56.05
（22）	轻钢厂房（1000 m²）	台时	0.5	253.50	126.75
（23）	临时房屋	台时	0.33	314.83	103.89
（24）	其他机械费	%	1	1288.52	12.89
2	其他直接费	%	4		268.60
3	现场经费	%	5		349.18
二	间接费	%	5		366.63
三	企业利润	%	7		538.95
四	税金	%	3.48		286.69
	合计				8524.97

注：淤泥（水下方）平均含固率按 25%（即含水率按 75%）计算，淤泥含固率越高，每立方米淤泥循环次数、材料投入、人工费、机械费等均会不同幅度增加，可按淤泥平均含固率、平均比重、每立方米淤泥中绝干泥土等数据进行换算。

如某湖泊淤泥特性检测数据：①上层淤泥平均含固率为 28.14%，平均比重为 1340 kg/m³，每立方米淤泥中绝干泥土为 377 kg，折合 40%含水率脱水泥饼为

628.5 kg；②下层淤泥平均含固率为57.65%，平均比重为1745 kg/m³，每立方米淤泥中绝干泥土为1006 kg，折合40%含水率脱水泥饼为1676.7 kg；③板框压滤机实际处理量，每立方米下层淤泥为上层淤泥的2.67倍，每立方米淤泥循环次数、材料投入、人工费、机械费等均同幅度增加。

第 12 章 工程效益评估

12.1 生态环境效益

污染底泥清淤可以大幅减少水体中的内源污染物数量,起到改善水质或控制水华的作用,同时,可以改善湖泊生态环境,为湖泊生态系统健康的稳定维持或恢复奠定基础。

12.2 社会效益

清淤所产生的社会效益包括:提高生态质量,提升城市形象;防洪减灾;增加农业生态效益;确保饮用水安全,维护社会稳定。

12.3 经济效益

清淤及底泥处理处置所产生的经济效益包括:促进旅游业发展,带动地区经济增长;带动其他产业发展;为环保事业的发展提供物质和技术保障。

附录 A 工业城市重金属污染湖泊清淤及底泥处置——以黄石磁湖为例

A.1 工程项目简介

磁湖（图 A.1-1）位于长江中游下段南岸，湖北省黄石市城区内，东经 114°57′~115°06′，北纬 30°10′~30°15′。磁湖径流面积为 62.8 km²，湖泊面积为 8.2 km²，平均水深为 1.75 m，湖体容量为 17480000 m³。磁湖分为南、北两部分，北半湖长约为 4.55 km，平均宽度为 1.0 km，最宽处为 1.5 km，最窄处为 0.5 km。南半湖长约为 4.0 km，平均宽度为 0.8 km，最宽处为 0.9 km，最窄处为 0.5 km。湖泊由西北向东南倾斜。平均坡度为 2%~3%。湖泊补给系数为 12.4；湖泊岛屿与滩涂率为 3.1%。磁湖东邻长江、北与花马湖相连、南以黄荆山分界、西与东方山相望。湖水由胜阳港闸自排入江，主汛期主要靠胜阳港泵站抽排入江，现有排水能力为 31 m/s。磁湖承担着空气、水体净化的生态功能，还是集防洪、排涝、养殖和游览于一体的多功能水资源地。磁湖对于维系黄石市的生态平衡、促进黄石市社会和经济可持续发展具有极为重要的作用。磁湖沿岸分布大中型企业 50 多家，主要涉及建材、冶金、机械、煤炭、纺织、化工、食品等行业。磁湖是黄石市重要的水产基地，养殖面积超过 7500 亩。

A.2 主要工程内容

A.2.1 湖泊现状调查

1.调查内容和目的

黄石市磁湖水体现状调查的主要内容包括环境水文条件、水污染源和水环

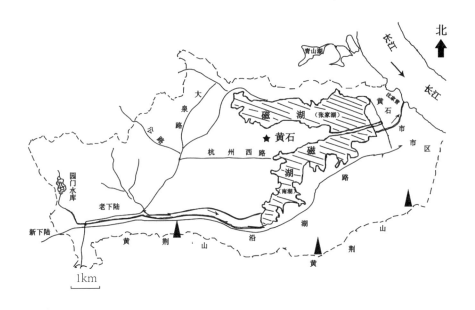

图 A.1-1 磁湖地理位置

境。具体体现为自然环境和社会环境两大方面。自然环境包括自然地理、气候、水文、生态环境总体状况等。社会环境包括城市经济概况、经济发展水平、人口情况、工厂企业情况等。

磁湖现状调查主要目的可概括为以下几个方面。

（1）通过对进入磁湖水体的污染物进行监测与调查，掌握磁湖水质现状及其发展趋势。

（2）通过对生产过程、生活设施以及其他排放源排放的各类废水进行监测与调查，为磁湖污染源管理提供有效依据。

（3）基于实测数据对磁湖水环境质量进行评价，为磁湖水体保护及污染治理提供基础科学数据。

（4）为黄石市有关部门和机构制定环境保护法规、标准和规划，全面开展环境保护管理工作提供有关数据和资料。

2. 调查过程与方法

（1）监测点位的布设。

在磁湖水体中取样位置应覆盖整个调查范围,能切实反映磁湖的水质和水文特点(如进水区、出水区、浅水区、湖心区、岸边区等)。取样位置采用以特定的污水排放口为中心,沿放射线布设的方法,每 4 km² 布设一个监测点,垂向上在水面下 0.5 m 取样。

(2)样品的采集和保存。

对于表层水样,在可以直接取水的场地,可用适当容器采集,如聚乙烯水桶或采样瓶等。采样时注意必须用水样冲洗容器三次后再行采样,同时应除去水面的杂物、垃圾等漂浮物,按生态环境部相关规定进行样品保存。

对于表层底泥,监测采样深度为 0~20 cm;对于深层底泥,监测采样分两层,分别为底部 0~20 cm 和中部 20~40 cm。采样尽可能具有代表性,不要混入砂石、木屑、动植物残体等。各监测点位底泥样品质量不小于 1 kg。底泥样品用塑料袋装好,规范编号、做好标记,并填写相应底泥采样记录表。样品送至试验室后,应尽快处理和分析;如需放置较长时间,应冰冻(-40~-20 ℃)保存。底泥样品必须采用适当的方法除去水分,底泥脱水干燥后,剔除动植物残体等杂物,经研磨或粉碎后逐级过筛,采用四分法缩分至所需量。注意根据测定指标要求选择底泥研磨方法以及筛子材质和等级。过筛后样品装入棕色玻璃瓶,贴上标签后备用。

(3)调查指标。

磁湖水体现状调查具体有三个方面:水质调查、水生生物调查及底质调查,主要的调查指标和调查内容见表 A.2-1。

表 A.2-1 磁湖水体现状调查

调查项目	调查指标	主要调查内容
水质调查	物理指标	水温、透明度、pH 值、溶解氧、电导率
	水质指标	TN、TP、COD_{Cr}、TOC、Cu、Pb、Zn、Cd、Ni、Cr、As、Hg
水生生物调查	初级生产力调查	Chl-a
底质调查	底质中污染物	粒度、pH 值、含水率、TN、TP、TOC、Cu、Pb、Zn、Cd、Ni、Cr、As、Hg、Fe
	底质中营养物释放	释放量和释放速率

A.2.2 磁湖污染现状与评价

1.磁湖水质分析与评价

磁湖主要污染物 TP 超过《地表水环境质量标准》（GB 3838）中Ⅲ类标准限值 5.60 倍；TN 超过《地表水环境质量标准》（GB 3838）Ⅲ类标准限值 3.34 倍；COD_{Cr} 超过《地表水环境质量标准》（GB 3838）Ⅲ类标准限值 2.19 倍。该项目水质为劣Ⅴ类，说明磁湖属于重度污染。

2.磁湖底泥现状与评价

对表层底泥，以土壤背景值为评价标准，各采样点底泥重金属的综合污染指数值全都大于 10.0，污染水平属于重污染（标准是 $P_{i综}$ > 3.0），表示底泥受到污染，且已相当严重。如果以《污水综合排放标准》（GB 8978）中二级标准为评价标准，磁湖底泥也受到了重金属中度-重度污染。

对深层底泥，随着深度增加，重金属污染程度增加，在 10~20 cm 处污染最严重，此后逐渐减轻。这与磁湖工业化历史及污染历史状况是相符的。

3.磁湖微型生物现状分析

① 藻类现状及影响因素分析。与其他富营养化水体的 Chl-a 含量相比，磁湖水体中 Chl-a 含量偏低，磁湖的氮磷比是 77.83，处于抑制藻类生长的范围，造成 Chl-a 浓度偏低。对于藻类，常见的检出种类有棒形裸藻（*Euglena clavata*）、内卷瓣胞藻（*Petalomonas involuta*）、微小瓣胞藻（*Petalomonas pusilla*）、卵形隐藻（*Cryptomonas ovata*）、具尾蓝隐藻（*Chroomonas caudata*）、斜形内管藻（*Entosiphon obliquum*）。其中卵形隐藻和具尾蓝隐藻在各采样点均有检出。

② 原生动物现状及影响因素分析。不同水域微型生物数量分布差异明显。对于原生动物，常见的检出种类有游泳钟虫（*Vorticella mayeri*）、珍珠映毛虫（*Cinetochilum margaritaceum*）、软波豆虫（*Bodo lens*）、球波豆虫（*Bodo globosus*）、钩刺波豆虫（*Bodo uncinatus*）、银灰膜袋虫（*Cyclidium glaucoma*）、放射太阳虫（*Actinophrys sol*）、近蛞蝓卡变虫（*Cashia limacoides*）。磁湖水对原生种系发展的抑制作用随高锰酸盐指数、TP 和 NH_4^+-N 的增加而增强。

③ 微型生物对重金属的富集。磁湖北半湖微型浮游生物的重金属含量均值

均超出表层沉积物重金属含量均值，其中 Fe 超出背景值含量最多，超出 3.25 倍。南半湖微型浮游生物的 Cu、Pb、Zn、Fe 含量均值均超出表层沉积物重金属含量均值，其中 Fe 超出背景值含量最多，超出 3.68 倍。除 Fe 之外，磁湖微型浮游生物的其他重金属含量均值均超出湖北省 A 层土壤背景值。

4.磁湖鱼体内重金属的富集和风险评价

磁湖内鲫鱼相较于其他鱼类会更有利于富集重金属元素，且湖中各鱼类均受到了较严重的 Cd 污染。

A.2.3 磁湖内外源污染控制

1.内源污染控制与底泥污染物释放

研究上覆水浓度、光照、pH 值、温度、水动力和微生物对底泥磷释放的影响，以制定控制底泥磷释放的措施。

2.磁湖点源污染治理

加强磁湖周边工业污染源的治理与监控，严格执行国家产业政策，强制淘汰污染严重的企业和落后工艺、设备与产品；企业余水严禁直接排入湖泊，必须由市政污水管网集中收集后，纳入城市污水处理厂进行处理，同时完善污染事故应急处理设施，消除事故隐患。

拦污截污措施主要如下。①完善现有的污水收集系统，加紧建设尚未形成的管网系统，加强城市污水处理厂的建设与运营。②根据排污口所处位置，将各污水处理厂覆盖范围内的排污口污水截流至相应的污水处理厂，处理后的出水尽可能直接排入江河；无法直接排入江河的，应排入港渠，然后通过涵闸、泵站排入江河，或者经过深度处理后回用、排入湖泊等。③从制度、管理、资金和技术等方面鼓励和支持有条件的企事业单位对本单位产生的污水自行处理至达标后排放。

3.磁湖面源污染控制

磁湖面源污染控制方法主要如下。①源头控制：采取蓄滞径流、提高植被覆盖率、增加地面的渗透性、控制大气污染源、减少污染物的沉降、经常清扫街道、减少垃圾堆放等措施，减少降尘污染；整治湖滨岸线，环磁湖菜地、农田基本完成退田还林，不再有规模农业种植，磁湖农业面源污染因素基本消除；控制畜禽养殖业发展规模和速度，实现合理布局，控制饲养密度，建立种植业与养殖业紧密结合的生态工程，控制与削减畜禽养殖面源污染；改变磁湖渔业经济养殖方式，调整鱼类产品结构，实施保水渔业生态养殖。②污染迁移途径控制：建设和完善雨污分流区域污水收集系统和雨污合流区域截污系统，建设湖泊生态护坡，强化周边绿化。③汇集控制：通过塘处理系统、土壤-植被处理系统、湿地处理系统等，利用苦草、蒲草、芦荻等湿生植物形成的植物过滤带，对初期雨水进行生态处理，消减入湖的面源污染负荷。

本工程识别了面源的主要污染因子，对面源污染进行监测分析，并进行污染负荷估算；研究了面源污染排放规律，并对面源污染磁湖水质进行影响评价。

A.3 总体方案设计

A.3.1 底泥清淤前分析

1. 最佳清淤深度分析

磁湖不同深度底泥模拟释放试验研究表明，无论是干塘清淤还是水下清淤，最佳清淤深度均为 0~50 cm。对干塘清淤和水下清淤两种方式获取的中层泥样进行磷释放模拟试验，结果显示水下清淤获取的泥样磷释放强度比较小，变化范围远小于干塘清淤。

以磁湖部分区域模拟干塘清淤，推算最佳清淤深度。结果显示：30~50 cm 深度处的底泥样品，不论是短期还是长期释放的 SRP 与 TP 均低于 15 cm 深度底泥，且从第 6 天起，释放的 TP 基本上都是在低于原上覆水磷浓度的范围内波动。因此，在采用干塘清淤方式时，当清淤深度为 30~50 cm 时，可以达到最佳的清淤效果。

2. 清淤范围分析

清淤后，周边水生态系统在一定程度上会受到破坏，水体自净能力会不同程度地下降,水生态系统的重建一直是湖泊清淤以后需要重点关注的技术问题。确定清淤范围主要考虑以下因素:①底泥污染物去除量与底泥蓄积量协调;②底泥的空间分布特征;③底泥厚度的水平分布情况;④柱状底泥层次划分及特征分析;⑤湖泊库容量、水深及清淤方式。

A.3.2 底泥清淤工程

1.清淤深度

根据磁湖底泥表层和分层取样的分析结果,以及城市湖泊沉积物的淤积速率(一般按 0.3~0.7 cm/a 计算),如果按最大淤积速率 0.7 cm/a、黄石市工业化历史 50 年计算,清淤深度为 35 cm,相当于清除 50 年的淤积物,对于磁湖的历史和现状来讲,也是比较适合的。

综上所述,磁湖底泥清淤平均深度控制在 35 cm,以不超过 50 cm 为宜,这样既可去除主要污染物,又可防止清淤深度过深、破坏水体生态系统,同时可节省清淤成本。

2.底泥清淤范围

根据对底泥检测指标的分析,磁湖南半湖底泥重金属污染程度明显高于北半湖。为进一步比较南、北半湖底泥的污染状况,在南、北半湖各选一个剖面,2011 年 10 月 5 日再次对南、北半湖表层底泥进行采样,每隔 50 m 取样,结果显示:南半湖剖面重金属污染平均值远高于北半湖。结合省、市监控点的分析数据,考虑到江湖连通后湖区水力条件的改变及磁湖主湖区底泥已沉积稳定的实际情况,建议首先对南半湖进行底泥清淤。靠近湖岸的采样点的重金属含量总是高于远离湖岸的采样点,因而在进行底泥清淤时,应首先考虑沿湖岸进行。

为了更好地探究南半湖主湖区底泥沉积稳定的实际情况,特选取了 4 个主要的排污口作为研究对象,并在每个排污口附近设不同点位进行取样研究。

A.3.3 底泥清淤后水质预测

为了对磁湖的子湖(青山湖 1#湖)清淤工程水质进行动态监测,选取合适位置进行采样布点。结果显示:总氮、总磷的浓度均有所降低,但在工程结束后,其浓度又出现大幅度上升，甚至远远高于施工前水体中的浓度，总氮甚至超标高达 6 倍，水质恶化严重。此外，对比清淤前后水样中重金属浓度可以看出，随着清淤工程的结束，水体中的重金属浓度明显上升。

A.3.4 磁湖水生态修复

1.磁湖生态水位分析

从生态水文学角度，采用最低年平均水位法、年保证率设定法和湖泊形态分析法确定了磁湖最低生态水位为 15.17 m。划定湖泊保护控制范围，即划定水域、绿化用地、外围控制范围，并按相应原则确定水域保护线、绿化用地控制线、外围控制范围线（简称"三线"）。

2.磁湖生态水网构建

（1）江湖连通：利用已有的闸、站、渠道，并适当新建闸、站、渠道，使江湖连通、湖湖连通，从而形成水循环体系。

（2）考虑通过水力调度、江湖连通工程形成水网后，根据港渠水质、水量变化及沟渠结构特点，开展港渠修复工程。

（3）生态引水：黄石磁湖水体受污染状况严重，富营养化程度很高，地理位置靠近长江，在江湖连通工程的基础上，生态引水源为长江。

3.水生态修复工程

采取工程措施及非工程措施对磁湖进行水生态修复。

A.4 主要技术指标

对磁湖底泥进行资源化利用，如生产水泥、制备人工湿地基质填料、建筑填土等。

A.5 工程技术特点

相比一般城市湖泊，工业城市湖泊一般污染成分更复杂、污染状况更严重，其水体污染特点主要表现为：①污染模式为结构性污染，普遍污染较重，部分水域污染非常严重；②污染物以重金属为主，有毒有害物质的含量也较高，且水体富营养化严重；③湖泊相对闭塞，水体自净能力差；④底泥内源污染严重，对湖泊水质的影响更大。

因此，工业城市湖泊水污染的治理相对更难，存在以下难题。①清淤污泥的安全处置问题：清淤污泥中含有大量的重金属、有毒有害物质，如何防止二次污染？②重金属的胁迫问题：在湖水重金属的胁迫下，如何安全有效地实施生物生态修复？③重金属、持久性有机物等污染物的二次释放问题。

本工程从湖泊生态体系角度出发，通过前期调查、合理预测，设计合理的清淤范围及深度；采用构建生态水网、恢复水生植被等手段开展水生态修复，在清淤过程中，尽量减小对环境的扰动，改善生态现状；对清淤后受重金属污染的底泥采取水泥生产、人工湿地基质填料制备及建筑填土等途径进行再利用，减少对环境的二次污染。

A.6 工程实施效果

磁湖经过底泥清淤及水生态修复工程，下陆港渠和东钢港渠内初期雨水的污染负荷得到了有效降低，整体提升了磁湖水环境质量；同时，还提高了下陆港渠和东钢港渠的排涝能力。磁湖将被改造为兼具行洪和景观功能的生态河道。

A.7 相关图片

磁湖清淤后相关图片见图 A.7-1~图 A.7-3。

图 A.7-1 磁湖清淤后水系连通

图 A.7-2 磁湖湿地公园

图 A.7-3 磁湖清淤后风景

附录 B 武汉市青山区北湖疏浚清淤、脱水固化处理工程

B.1 工程项目简介

2019 年 4 月，武汉青山固化处理中心开始运营，其位于武汉市青山区，主要处理北湖水体生态治理、水下环保疏浚产生的淤泥。5 个月内，该中心疏浚河湖底泥 100 万 m³，投入 22 台套处理设备，国内河湖淤泥处理产能最大，产出的泥浆量超过 600 万 m³，日均处理泥浆约 4 万 m³。泥浆含水率由 90%降至 40%及以下，压滤余水达标后排放，泥饼用作园林绿植土、工程回填土或用于制砖等。

该项目的运营验证了工厂化运营模式大体量、高效能的优势，这种工厂化运营模式能够在运营期限要求较高的情况下完成大体量的淤泥处理。

B.2 主要工程内容

主要工程内容：青山区北湖水体生态治理、水下环保清淤及脱水固结。总疏浚清淤量为 100 万 m³。

B.3 总体方案设计

总体方案设计见图 B.3-1。

B.4 主要技术指标

泥饼含水率小于等于 40%，遇水不泥化、装运不渗漏，泥饼特性应达到设计及环保监督要求，可堆高压实。

图 B.3-1 总体方案设计

压滤余水须经相应处理，水质不得超出《污水综合排放标准》(GB 8978)中的一级标准限值，余水特性应达到设计及环保监督要求，同时余水不得带入新的污染物，水质指标须优于北湖现有水质监测数据；施工期间应加强余水水质的监测，发现余水水质不满足排放标准时，应及时调整施工方案，确保余水达标排放。

B.5 工程技术特点

结合本工程特点、土质资料和施工区形状，项目投入两艘 1600 型绞吸挖泥船，施工时采取分条、分区的施工方法。

B.5.1 分条

根据工程特点，结合投入施工的船舶性能，1600 型绞吸挖泥船按宽 30 m 进行分条，条与条之间保证 1 m 的搭接，以防止漏挖。边线附近或不规则区域按设计边线计算分条宽度。

为了在保证岸坡稳定的前提下，最大限度地清除近岸淤泥，近岸施工时将视现场情况拟定专项施工方案。

B.5.2 挖泥船定位与抛锚

采用定位桩施工的绞吸挖泥船在行驶至离挖槽起点 20~30 m 时，航速应减至极慢,待船停稳后,应先测量水深,然后放下 1 个定位桩,并在船首抛设 2 个边锚,逐步将船调整到挖槽中心线起点上。船在行进中严禁落桩。船舶定位及分条、分区开挖示意图见图 B.5-1。

绞吸挖泥船的横移地锚必须牢固。逆流向施工时,横移地锚的超前角不宜大于 30°,落后角不宜大于 15°。

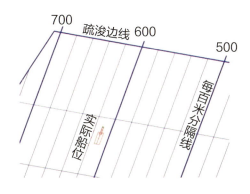

图 B.5-1 船舶定位及分条、分区开挖示意图(单位:m)

B.5.3 挖泥船施工方法

清淤设计位置应以明显标志标示,标志可采用标杆、浮标或灯标。

在挖泥工程中,操作手通过船上的 GPS 进行精确定位,根据实测数据通报水位,通过船上配备的挖深测量与指示装置精确控制挖泥深度。

本工程排泥场与清淤区间高程差别不大,设计挖槽宽度大于挖泥船的最大挖宽,挖泥船采用分段、分层、分条施工方法,相邻两条挖槽区域重叠宽度不小于 1 m,以防止漏挖。一次最大挖泥厚度不大于 20 cm,先疏挖上层底泥,再疏挖下层底泥。

绞吸挖泥船分条开挖时,为保持相对稳定的排泥距离,从距排泥区远的一侧开始,由远到近分条开挖,条与条之间应重叠一定的宽度,以免形成欠挖土埂。

挖泥船在汛期施工时,制定汛期施工和度汛安全措施。当绞吸挖泥船、水力冲挖机组的扬程或排距不能满足工程需要时,可以采取接力方式进行施工。

清淤上来的泥浆采用清淤泥浆脱水和固结一体化技术进行快速脱水固化处

理，降低淤泥中的水分，减少淤泥体积，减少清淤泥浆运输和堆放成本，降低清淤泥浆对环境造成污染的风险。

清淤泥浆脱水和固结一体化处理系统是根据城市河湖清淤泥浆有机质含量高、颗粒极细的特点，结合采用专利产品 FSA 泥沙聚沉剂及 HEC 高强高耐水土体固结剂进行处理的工艺要求，专门设计和制造的即时泥水分离处理系统。该系统可将疏浚泥浆即时分离，将疏浚泥浆体积即时减少，并可根据需要完成对重金属、微生物、细菌等有害物质的钝化、固结或消毒，是一套可与常用疏浚设备直接对接的清淤泥浆处理系统，特别适合于在污染重、施工场地小、周边土地资源稀缺的城市湖泊、水库、河道的生态修复工程中对清淤泥浆进行处理。

经过该系统处理的疏浚泥浆，可即时分离为 SS＜150 mg/L 的余水和含水率不大于 40% 的泥饼，泥饼可直接装车或堆放。该系统可实现对清淤泥浆的即时分离，确保清淤工程的顺利进行。

B.6 工程实施效果

项目先后克服了防汛调度影响大、场地协调难度大、设备投入多、管道铺设走线长、施工过程及验收环保标准高等困难。项目共计投入了 31 台板框压滤机、3 艘 160 型清淤船和 2 艘 120 型清淤船，为国内同期环保清淤工程规模之最。后台建设涉及土方作业、设备安装、钢结构安装等多个专业，交叉施工难度大，自 2019 年 3 月 20 日进场至 4 月 20 日产出第一批泥饼，仅一个月就完成了后台建设的全部内容，保证了在短短 5 个月时间内完成正常情况下需要一年才能完成的工程量，开创了先河。

项目的实施对减轻城市污染物对北湖周边水体的污染、改善北湖水体水质、增强北湖的调蓄功能、改善城市的环境卫生面貌起到了积极作用，达到了"水清、岸绿"的治理效果。

B.7 相关图片

北湖清淤泥浆的资源化利用及脱水固化处理场地见图 B.7-1。

（a）制备加气混凝土砌块及蒸压砖

（b）用作园林绿植土　　（c）用作工程回填土　　（d）替代黏土烧制水泥熟料

（e）脱水固化处理场地

图 B.7-1 北湖清淤泥浆的资源化利用及脱水固化处理场地

附录 C 襄阳市护城河清淤工程

C.1 工程项目简介

2019 年 8 月，襄阳襄城固化处理中心开始运营。本工程既保证了工期节点，又满足了古城内文明施工和景观保护的需要，通过环保绞吸、泥浆加压封闭输送、工厂化异位固化处理等方式在 6 个月内完成了全部河道断面共计 35.48 万 m^3 的清淤和固化工作，产生泥饼约 10 万 m^3，且泥饼均资源化利用于襄阳市鱼梁洲风景区场地回填及园林种植。

C.2 主要工程内容

本工程为河道环保清淤工程，主要工作包括但不限于环保绞吸清淤所需船只设备进出场，排泥管道安装及连接，接力泵站及脱水站建设（含板框压滤机、振动筛搅拌池、沉淀池、投药装置、污泥进料泵、螺旋运输机），抽排水、固化处理等相应配套工程所需土建施工及设备的安装、使用、拆除等。

按照设计图纸及招标人要求进行河道环保清淤及脱水和固结一体化处理，处理底泥总量为 35.48 万 m^3。

C.3 总体方案设计

总体方案设计见图 C.3-1。

C.4 主要技术指标

压滤产生的泥饼即时含水率在 40%及以下，呈硬塑状，遇水不泥化，强度不降低，无二次污染，pH 值和污染物指标满足《城镇污水处理厂污泥处置 土地改良用泥质》（GB/T 24600）的规定。

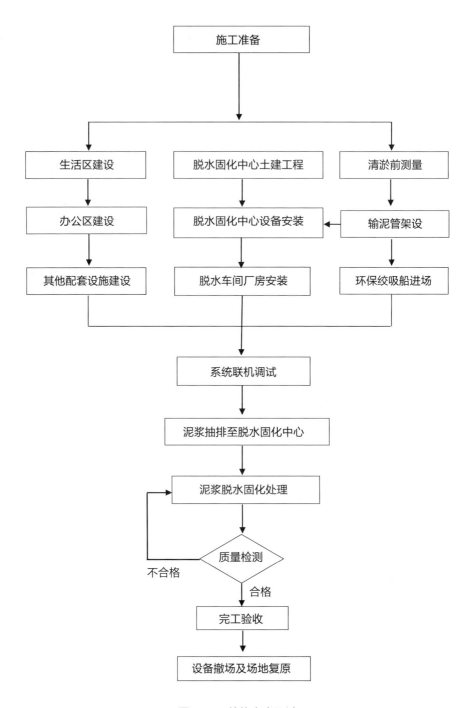

图 C.3-1 总体方案设计

沉淀余水和通过板框压滤机过滤的余水应进行净化处理，满足设计要求和环保要求，达到《污水综合排放标准》(GB 8978)中的二级标准，且SS≤70 mg/L后回排至护城河。

C.5 工程技术特点

本工程为环保清淤工程，主要目的是清除淤泥，改善河水水质，恢复河道自然形态，美化市区环境。本工程的主要特点如下。

（1）环保要求严：要求清除河道多年的污染底泥，余水要求达标排放，不得对水源造成污染。

（2）综合性强：本工程既有清淤，又有淤泥固化；既要清除河道污染，又要保证余水达标排放。

（3）质量要求高：本工程为城市河道环保清淤工程，清淤质量要求极高，对底泥的清淤厚度要求不一，对岸坡附近也有严格的要求。

（4）调遣难度大：本工程主要设备——挖泥船采用环保型绞刀头，而且船舶最后要通过陆路运输到现场组装，挖泥船运输、组装困难，因此，对船舶的分解、运输、组装等要求极高，难度很大。

根据业主要求，淤泥经过脱水固化处理后，泥饼含水率要控制在40%及以下。经过多次方案论证，本工程决定采用我公司自主研发且在多个类似工程中应用的清淤泥浆脱水和固结一体化技术进行淤泥脱水固化处理，该技术可将脱水泥饼的含水率控制在40%及以下，满足业主的要求。

C.6 工程实施效果

襄阳护城河位于襄阳市襄城区，全长为4700 m，平均宽度为130 m，最宽处达225 m。护城河及其沿岸原本风景秀丽，但近年来护城河水质恶化，通过调查分析，护城河存在严重的内源污染，平均淤泥厚度约为63 cm。本工程是襄阳市2019年重点工程，是典型的景观河内源治理项目，涉及面广，古城区内存在大量的历史保护建筑，护城河又是襄阳景观河的代表，施工难度大，使用传统方式很难达到安全、环保、用地集约、资源化、不扰民等要求。

该项目采用清淤泥浆脱水和固结一体化处理系统后,集中体现了减量化、无害化、稳定化、资源化、工厂化等技术优势。

C.7 相关图片

泥浆脱水固化中心见图 C.7-1。

图 C.7-1 泥浆脱水固化中心

针对清淤泥浆颗粒极细、含水率高、有机质含量高、体量大、脱水困难等特点,对泥浆进行调理调质,即向底泥中投加脱水固化材料(絮凝剂、FSA 泥沙聚沉剂、HEC 高强高耐水土体固结剂等),改善其脱水性能。泥水分离后,疏浚底泥变成含水率为 40% 及以下的泥饼和清澈余水(图 C.7-2)。

(a)原状泥浆　　　　　(b)干泥饼　　　　　(c)过滤余水

图 C.7-2 清淤泥浆脱水固化

附录 D 常州市长荡湖生态清淤及固化处理中心工程

D.1 工程项目简介

2018—2020 年，常州市长荡湖生态清淤二期、三期工程相继开工，淤泥固化处理中心投产，总投入 20 台套处理设备，淤泥固化工程量为 258.2 万 m^3，以改善长荡湖水质、水生态环境，恢复湖泊的综合利用功能。该项目的稳定运营标志着大体量、高效能的工厂化运营模式已成功复制到水文、地质、经济等条件与湖北省类似的江苏省。

D.2 主要工程内容

本项目为长荡湖生态清淤工程（二期、三期），要求在 2019 年 10 月 1 日至 2020 年 12 月 31 日，完成 258.2 万 m^3 淤泥环保清淤及板框压滤处理施工任务，清除河湖垃圾 2.6 万 t。本工程包括施工湖区清障、环保清淤、泥浆脱水固化、重金属处理、余水处理及泥饼外运等分项工程。

D.3 总体方案设计

本项目遵循减量化、无害化、资源化、稳定化、绿色化（"五化"）的处理原则，采用环保绞吸和板框压滤的底泥处理工艺，同时做好淤泥脱水后余水处理工作。施工流程见图 D.3-1。

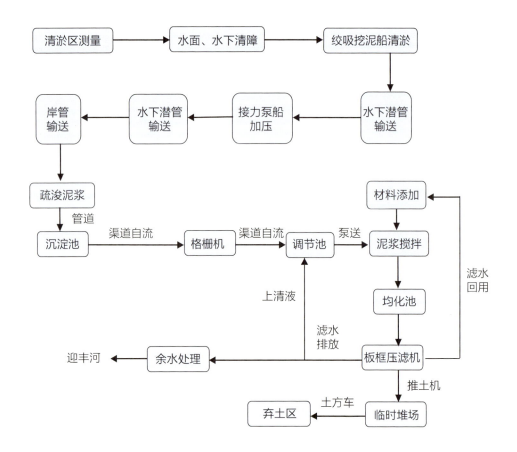

图 D.3-1 施工流程

D.4 主要技术指标

泥浆处理产生的泥饼即时含水率应小于等于 40%，抗压强度不小于 100 kPa；浸出液重金属含量满足相关环境质量要求；余水处理达到《地表水资源质量标准》（SL 63）三级标准，主控 SS 不高于 30 mg/L。

D.5 工程技术特点

D.5.1 湖底及湖面清障

本项目清障面积约 10.6 km²。清除河湖垃圾 2.6 万 t，其中二期工程估列河湖垃圾 1.4 万 t，三期工程估列河湖垃圾 1.2 万 t。障碍物主要包括围网、网箱、桩、沉船、大块硬质物等。完成清障工作是后续清淤及淤泥固化顺利进行的先决条件，因此，将先派遣专业测量勘探队伍对施工作业湖区进行测量，摸清湖区障碍物的位置、类型、数量，根据所掌握的施工湖区障碍物的情况，组织清障船、打捞船以及专业水下作业人员对施工区中的障碍物进行清理，清理出的障碍物运送至业主指定区域。

D.5.2 清淤施工

本项目设计清淤总量为 258.2 万 m³，清淤工程量大，普通清淤方式极容易对环境造成污染。为防止清淤过程中淤泥扰动造成水质恶化，清淤方式采用带水作业 200 m³/h 型环保绞吸挖泥船清淤，在不扰动大面积水体的情况下将底泥抽吸上来，泥浆采用管道运输方式，运输全程封闭，不会发生清淤泥浆渗漏情况，满足环境保护要求，不造成二次污染。清淤泥浆经过环保绞吸挖泥船输送至岸上泥浆脱水和固结一体化施工场内，进行脱水固化处理。

D.5.3 清淤泥浆脱水固化处理

根据设计文件要求，在环湖大堤外侧建设一个泥浆脱水和固结一体化施工场，采用过滤面积不小于 600 m² 的板框压滤机对清淤泥浆进行集中脱水固化处理，泥浆处理后产生的泥饼要求即时含水率小于等于40%，抗压强度不小于100 kPa，脱水和固结一体化施工场面积约 8.51 万 m²，固化后的泥饼运送至泥浆脱水和固结一体化施工场旁边的弃土区。

D.5.4 余水处理

根据《常州市地表水（环境）功能区划》，长荡湖为Ⅲ类标准控制水体。

清淤泥浆经板框压滤机处理后，一般情况下余水 SS＜150 mg/L，本项目要求余水处理按《地表水资源质量标准》（SL 63）三级标准，主控 SS 不高于 30 mg/L。余水处理达标后排入迎丰河。

D.5.5 弃土区

工程在环湖大堤外侧设置 2 处弃土区，弃土区布置在二、三期疏浚区西侧。弃土区总占地面积 20 万 m²，其中二期弃土区面积为 9.6 万 m²，三期弃土区面积为 10.4 万 m²，用于泥饼堆放。弃土区地面高程在 3.3 m 左右，结合周边用地规划，弃土区按堆高至 6.55 m 计算，可堆放泥饼约 65 万 m³。

D.6 相关图片效果

脱水固化厂房内部及外部图分别见图 D.6-1、图 D.6-2。余水从板框压滤机中流出见图 D.6-3。泥饼脱离板框压滤机见图 D.6-4。脱水处理中心见图 D.6-5。

图 D.6-1 脱水固化厂房内部图

图 D.6-2 脱水固化厂房外部图

图 D.6 3 余水从板框压滤机中流出

D.6-4 泥饼脱离板框压滤机

D.6-5 脱水处理中心

续图 D.6-5

附录 E 荆门市竹皮河流域清淤及底泥处理处置工程

E.1 工程项目简介

竹皮河流域水环境综合治理（城区段）PPP（public-private partnership，公私合作）项目是湖北省首个国家财政部 PPP 示范项目，包含河道综合治理项目，以及与河道综合治理密切相关的污水处理、排水管网工程。河道综合治理项目主要建设内容包含截污、清淤、水质生态修复、生态补水、生态护岸、桥梁、拦河坝和生态景观改造及绿化工程等。

项目涉及近 87 万 m^3 淤泥清淤和资源化利用工程，以及部分重度石油-重金属复合污染淤泥的处理处置工程。此类工程是流域综合治理类项目中常见的专项工程，具有代表性和典型性。

E.2 主要工程内容

本次竹皮河流域河道综合治理项目中，清淤工程实施范围包括竹皮河、王林港及杨树港三条河流，全长约 45.8 km，还有江山水库人工湿地拟建区域，占地面积约 5.61 万 m^2。

本次清淤工程与淤泥处理处置工程主要内容包括：河道淤泥与污水的取样检测、淤泥固化试验室小试、淤泥固化现场中试、清淤与淤泥固化工程实施、固化淤泥的资源化处置。

E.3 总体方案设计

黏性淤泥利用软土固化剂固化后,各项物理力学性能较原先的淤泥有很大幅度的改善:抗剪强度随软土固化剂掺量的增加而提高,黏聚力大于 20 kPa,内摩擦角平均达 18°,抗压强度超过 50 kPa;在固化剂掺量适当的情况下,固化淤泥的渗透系数达 10^{-6} cm/s,渗透性较低。此外,经固化处理后的淤泥有良好的稳定性。综合考虑场地条件因素,可对固化处理后的淤泥进行资源化利用。根据竹皮河流域淤泥特点以及竹皮河城区段治理范围的地形条件,固化处理后的淤泥具体利用途径如下。

E.3.1 陆域回填土

工程实施范围附近的洼地可作为接纳弃土的地方。竹皮河上游 K0+000~K4+500 段淤泥污染相对较轻,经固化处理并自检合格的淤泥能够用于回填低洼土地,回填后的地块能够用作林地或工业用地。

王林港干流、杨家桥支流、范家垱支流等河道淤泥经过固化处理后,性质发生根本性变化,含水率、无侧限抗压强度等满足回填土要求,可用于土方的回填。王林港干流固化处理后的淤泥主要转运到位于泗水桥的一处洼地型弃土场。

人工湿地中的淤泥经固化处理且检测合格后,短途转运到附近的洼地,该洼地今后规划为工业厂房。固化处理后的淤泥在转运到该场地后,进行推平碾压处理,将该洼地整平,满足土地二次开发的施工机械进场要求。

E.3.2 堤身填筑、微地形造景

王林港—马光彩大市场以下河道,部分淤泥就地在岸边回填。对新建堤身背水侧为低洼地的河段,将固化处理后的淤泥转运到堤身背水侧,增加堤身厚度,局部高出堤顶道路,修整后种草绿化作为微地形景观。

E.3.3 堆山造景

竹皮河 K4+500 下游区域的淤泥,经固化处理且含水率、无侧限抗压强度、环境指标等符合相关规范要求后,用于竹皮河夏家湾、竹皮河 K4+800 段公园等具备堆山造景条件的地区打造景观节点。

E.3.4 行道树种植土

经检测,杨树港 K3+500 上游河道淤泥氮、磷、钾等营养元素含量较高,经固化处理后,能够满足环保要求及相关土工指标。此部分固化处理后的淤泥先堆放于堤顶道路附近,今后用作行道树种植土或附近低洼地域回填土。

E.4 主要技术指标

2018 年 10 月,项目部委托武汉市华测检测技术有限公司对竹皮河流域(包括竹皮河、王林港及杨树港三条河道在内)的五个集中固化场地中,经固化处理后 28 d(及以上)的淤泥进行现场取样。因为本工程淤泥处理后均作为土壤进行最终的处置和消纳,所以固化处理后的淤泥均参照《土壤环境质量 建设用地土壤污染风险管控标准(试行)》(GB 36600)的检测方法进行测定,并与相关土壤标准进行对比。对固化处理后的淤泥进行取样,检测其重金属总量、石油烃(C_{10}—C_{40})含量、多环芳烃含量。与《土壤环境质量 建设用地土壤污染风险管控标准(试行)》(GB 36600)进行对比分析可知,固化处理后的淤泥相关指标低于建设用地中第一类用地的土壤污染风险筛选值,不会对周围环境造成破坏。

E.5 工程技术特点

本工程主要是在重金属污泥中加入软土固化剂,将二者加以混合进行固化,使污泥内的有害物质封闭在固化体内不被浸出,从而达到解除污染的目的。重金属污泥固化处理后能使重金属稳定,可填埋处理或妥善贮存,不易引起二次污染。

E.6 工程实施效果

E.6.1 经济效益

淤泥固化处理以及堆山造景采用了分批分区施工技术。针对大规模河湖淤泥的快速处理处置需求,采用多区域、分批固化处理方式,科学规划淤泥固化、闷料分区,将沥水、拌和、闷料、碾压回填工序在时间和空间上进行分离,充分利用有限的作业面,提高处理处置效率。利用淤泥固化不同工序的作业时长,将不同工序分离到相邻的不同作业面,缩短机械的技术停留时间,提高机械作业效率。

相比常规的自然脱水干燥、真空预压、土工管袋等淤泥固化处理技术而言，本工程所采用的河湖淤泥大规模快速处理-堆山造景技术大幅度减少了淤泥体积和淤泥运输压力。不同于常规淤泥固化处理时清淤区域、沥水区域、拌和区域、闷料区域以及最终处置场地的相互隔离，本工程采用了集成化的工艺，很好地满足了工期要求，有效利用了有限的施工场地，缩短了淤泥处置的周期，提高了资源化利用的效率，起到了降本增效的作用。

固化处理后的淤泥堆筑山体后，不存在淤泥的长距离运输及临时堆放问题，且能够通过淤泥固化缩减的体积比及堆筑体积精准计量清淤量，解决了淤泥运输难、堆放难、计量难等问题。

从淤泥处理成本角度分析，采用河湖淤泥大规模快速处理-堆山造景技术，相对于淤泥机械脱水填埋和常规淤泥化学脱水填埋分别节约工程投资 24 元/m³、36 元/m³，则节约政府投资：相对于淤泥机械脱水填埋法，870000×24=20880000（元）；相对于淤泥化学脱水填埋法，870000×36=31320000（元）。

E.6.2 环境效益

本项目采用的河湖淤泥大规模快速处理-堆山造景技术避免了占用大量填埋场地，节约了大量土地资源，将淤泥固化处理后用于回填洼地，解决了沿岸规划工业用地的土方填筑及平整问题。相对于直接外运处置而言，该技术减少了淤泥的大范围、长距离转运，避免了淤泥二次污染的风险，而固化剂本身为环保产品，且能有效对淤泥中的重金属等污染物进行固化处理，真正实现了绿色环保施工。

E.6.3 社会效益

将固化处理后的淤泥与城市新建、扩建或维修构筑物产生的以混凝土、石灰、砂石、渣土、灰土等为主要成分的建筑渣土，联合进行填筑，把建筑垃圾和淤泥变废为宝，用于堆山造景，有效消纳建筑垃圾和淤泥，把淤泥、建筑垃圾处置与景观提升相结合。在处置淤泥及建筑垃圾的同时，堆山造景工程能够明显提高周边环境质量，增加周边环境的湿度，缓解热岛效应，起到有效吸尘、降低噪声、提高空气质量的作用。

E.7 相关图片

相关图片见图 E.7-1、图 E.7-2。

图 E.7-1 淤泥堆置沥水

图 E.7-2 淤泥改性剂的布料

附录 F 昆明市滇池生态清淤及底泥处理处置工程

F.1 工程项目简介

滇池外海主要入湖口及重点区域淤泥疏浚三期工程是滇池治理六大工程之一"生态清淤工程"的重要工程内容,其中包括宝象河入湖口清淤及底泥处理处置工程。宝象河入湖口位于滇池东北岸,钻孔勘探表明:污染层较薄,厚度为0.18~0.25 m,平均厚度为 0.23 m。根据取样检测,宝象河入湖口底泥污染层的含水率为 64.6%,容重为 0.80 g/cm³,有机质为 38.4 g/kg,总氮为 0.245%,总磷为 0.119%,铜为 98.2 mg/kg,锌为 179.2 mg/kg,锰为 997.6 mg/kg。参照《土壤环境质量 农用地土壤污染风险管控标准(试行)》(GB 15618)和《污水综合排放标准》(GB 8978),该部分底泥受污染程度较为严重,且渗透性较强,不及时治理将会扩大内源污染,给滇池环境带来持续性污染。

F.2 主要工程内容

工程清淤规模为 116 万 m³,湖水底泥含水率在 90%以上,清淤后沉淀的原泥含水率为 64.6%,机械脱水后淤泥含水率在 40%及以下。在这个过程中,有 720 万 m³ 的水经过处理后回流排入湖中。

F.3 总体方案设计

本工程采用污泥机械脱水和化学改性一体化技术处理清淤底泥。该技术基于固结理论,以脱硫灰、钢渣等工业废渣为原料开发出专用软土固化剂用于污泥改性;基于破壁技术,采用污泥改性剂改善污泥脱水性能,实现污泥的快速固液分离；为了提高机械脱水和化学改性效率，将两者有机结合，实现污泥机械脱水、化学改性一体化连续处理。机械脱水产生的余水经中和、絮凝沉淀处理，达标后排放到湖区。脱水泥饼用于陆域回填，抬高沿岸的基底，改变低洼处内涝的现状，为湿地建设提供先决条件。建设湿地和生态林带，从而改善湖滨带的生态系统结构与功能，发挥长远的生态效益。总体方案设计见图 F.3-1。

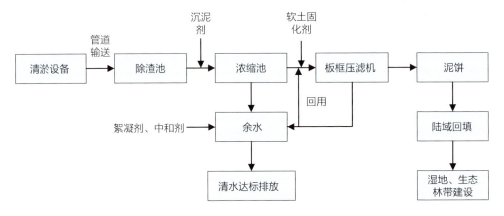

图 F.3-1 总体方案设计

F.4 主要技术指标

主要技术指标如表 F.4-1 所示。

表 F.4-1 主要技术指标

技术指标	要求
含水率	≤40%
改性污泥中重金属浸出浓度	达到《城镇污水处理厂污泥处置 土地改良用泥质》（GB/T 24600）、《城镇污水处理厂污泥处置 园林绿化用泥质》（GB/T 23486）的要求
余水悬浮物（SS）、重金属	达到《城镇污水处理厂污染物排放标准》（GB 18918）一级 A 标准限值
改性污泥的土质要求	达到《城镇污水处理厂污泥处置 园林绿化用泥质》（GB/T 23486）的要求；pH 值不小于 6.5
抗剪强度	达到《城镇污水处理厂污泥处置 混合填埋用泥质》（GB/T 23485）的要求；凝聚力大于 20 kPa；内摩擦角大于 15°

F.5 工程技术特点

该工程技术特点如下。

（1）采用的软土固化剂为低碱度无机材料，对环境无污染。

（2）污泥抽送、垃圾分离、机械脱水实现厂房化流水作业，对周围环境无影响。

（3）经软土固化剂与沉泥剂的共同作用和机械深度脱水，脱水效率提高了 10 倍以上。脱水改性后泥饼含水率不大于 40%，体积可减少 30% 以上，无恶臭，可避免二次污染，可直接用作工程回填土。

（4）余水排放符合《城镇污水处理厂污染物排放标准》（GB 18918）的要求。

（5）污染物含量符合《城镇污水处理厂污泥处置 园林绿化用泥质》（GB/T 23486）、《城镇污水处理厂污泥处置 土地改良用泥质》（GB/T 24600）的要求。

F.6 工程实施效果

原始淤泥中的水为劣 V 类，泥水分离后的水变为 IV 类。水中 BOD_5、COD 和 TP 等污染物指标分别消减了 50%、66.35% 和 35.94%（表 F.6-1）。这部分水回流后，能够起到稀释湖水污染物、改善湖水水质的作用。余水排放符合《城镇污水处理厂污染物排放标准》（GB 18918）的要求，脱水后污泥符合《城镇污水处理厂污泥处置 园林绿化用泥质》（GB/T 23486）、《城镇污水处理厂污泥处置土地改良用泥质》（GB/T 24600）的要求，可用作园林绿化用土。

表 F.6-1 处理前后主要水质指标对比　　　　单位：mg/L

指标	BOD_5	COD	TP	SS	水质分类
原水	16.2	63.9	0.192	—	劣 V 类
出水	8.1	21.5	0.123	30 左右	IV 类
消减率	50%	66.35%	35.94%	—	—

F.7 相关图片

相关图片见图 F.7-1。

图 F.7-1 板框压滤脱水

附录 G 江陵县资市镇青山村鱼塘生态整治工程

G.1 工程项目简介

G.1.1 地理位置

江陵县资市镇隶属湖北省荆州市,地处江陵县北部,东与三湖管理区接壤,南与白马寺镇、熊河镇交界,西与滩桥镇毗邻,北接荆州开发区。资市镇行政区域总面积 79.94 km²。截至 2019 年年末,资市镇户籍人口 24692 人。资市镇位于东经 112°12′52″~112°44′22″,北纬 29°54′36″~30°16′45″,海拔 20~30 m。

本工程位于江陵县资市镇青山村,具体位置见图 G.1-1。

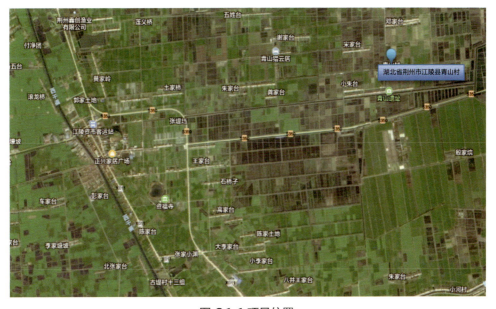

图 G.1-1 项目位置

G.1.2 自然条件

1.地形地貌

资市镇境内为平原，地势略呈西高东低，地面海拔 20~30 m，最高点位于华湘村二组，海拔 30 m；最低点位于青山村渔场，海拔 20 m。

2.气候条件

资市镇属亚热带季风气候，有四季分明、热量丰富、光照适宜、雨水充沛、雨热同季、无霜期长等特点。全年日照时间为 1827~1897 h，全年太阳总辐射量为 103~110 kcal/cm²。全年平均气温为 16~16.4 ℃，极端值最热为 39.2 ℃，最冷为 −19 ℃；无霜期为 246~262 d。全年平均降雨量为 900~1100 mm。

3.土壤条件

江陵县资市镇属湖洼地。湖泊或洼地是因河间地带地势低下、常年积水，或者因人工围垸、溃堤、河道变迁等形成的。土壤主要为黏壤土或黏土，地下水位很高，不低于 0.5 m，甚至与地表齐平，具备常潮湿土壤水分状况或潮湿土壤水分状况，潜育特征明显，形成简育正常潜育土。这些区域遭到大规模垦殖，经人工改良利用逐渐脱潜，形成的土壤类型主要为潜育水耕人为土，并可继续向铁聚（铁渗）水耕人为土发展。

G.2 主要工程内容

G.2.1 鱼塘现状调查

本次鱼塘生态整治工程位于荆州市江陵县资市镇青山村，鱼塘长为 359 m，宽为 25 m，水质富营养化，水体动力较差，自然溶氧率低，浮萍布满水面，边坡水土流失严重，周边居民出行不便。

G.2.2 施工条件调查

1.对外交通

工程对外交通条件良好，资市镇地处鄂西南长江中游、渭水河畔王家大湖之滨，境内交通四通八达，纵横交错的水泥路网有 50 余千米，红东公路横穿而过，距 207 国道 15 km，距荆东高速公路章庄铺入口 15 km，距焦柳铁路松滋火车站 30 km，距宜黄高速公路入口和松滋口码头仅半小时车程，且乡镇境内村村通公路，交通十分便利。

2.建筑材料来源

本次工程所需建筑材料主要是泥土、修复剂等。泥土来源于渠道坡面清表、渠底清淤，修复剂由工厂生产。泥土现场搅拌利用，修复剂由汽车运往工地。

3.水电供应

工程区施工用电采用外供电，施工生产及生活用水采取就近取材的原则。

施工用水：施工用水均可就近从鱼塘中直接抽取；施工生活用水可直接使用自来水或居民用水。

施工用电：因工程各施工段用电量不大，可直接从村镇已有的供电线路接线或附近居民区架线。

4.工程建设期的有关要求

根据本工程规模、施工特点和资金安排情况，拟定工程建设总工期为 3 个月。

G.2.3 主体工程施工

本工程主体工程为鱼塘生态护坡工程，施工长度按鱼塘周长 768 m 计。

1.土方开挖

土方开挖一般采用以机械施工为主、人工施工为辅的施工方法。机械施工采用挖掘机挖装、自卸汽车运输，人工施工则是人工开挖、胶轮车运输。

根据初步拟定的土方平衡方案，鱼塘削坡产生的多余土方应运往指定的弃土场进行处理。

2.土方填筑

土方填筑：本次土方回填可采用人工施工（人工铺筑、打夯机夯实）的方法。

填筑干容重合格率不小于 90%，且不合格的部位不得集中，不合格干容重不得低于设计干容重的 97%。

土方填筑到最后一层时，应注意将面层土料碾压整平，并确保面层平整、符合设计规范要求。

黏土料填筑应满足压实度不小于 0.9 的要求，砂（卵）石料填筑应满足相对密度不小于 0.65 的要求。

土方填筑可利用已开挖且能利用的材料。

3.生态护坡

运用"一种用于渠道生态整治工程的修复剂"专利技术，将松散的土壤固化成具有一定强度的混合料。该修复剂能够与各类土壤发生化学作用，改变土壤的性质，形成具有一定承载能力、抗渗能力和耐久性的固化土，使原位土壤满足水利工程建设需求，恢复鱼塘的物理结构与生态系统的多样性。生态护坡具体施工工序如下。

（1）对目标鱼塘进行分段围堰或者局部围堰降水。

（2）清理鱼塘边坡，清除垃圾、杂草，并根据设计要求放线和初步整形。

（3）将修复剂按一定比例加入水中，搅拌成浆体备用。

（4）根据鱼塘底泥厚度、鱼塘宽度、挖掘机可工作半径计算方量，再根据该方量和设计材料掺量加入制备好的浆体。

（5）用专用搅拌设备将浆体与土壤充分搅拌混合后贴于坡上并整平。

（6）坡面养护以保持坡面湿润为主。

（7）覆盖植被，铺设草皮。

4.草皮护坡

草皮护坡施工工序：施工准备→测量放样→场地整理→表土预备、铺设→草种播种→完工清理→管理与养护→交工验收。下面对重要工序进行介绍。

（1）测量放样。

施工测量放样按照相应测量规范实施。

（2）场地整理。

① 清理坝坡内的多余砂土以及不利于草皮生长或影响景观的杂物等。

② 按施工图平面等高线尺寸形状和剖面图的要求，本着"高铲低填"的原

则整平地面。施工机械采用斗容量为 0.4 m³ 的小型挖掘机、小型推耙机。在缓坡部位不能使用机械施工的，采用人工进行整理。

③ 为使表层土疏松，有利于植物生长，用机械把 20~30 cm 深的耕作层翻松，将大块土打碎，将砾石、树根、树桩和其他垃圾清除并运至监理工程师同意的地点，使工作区原状土形成种植土。

④ 对土壤理化性能差的区域进行改良和处理。

（3）表土预备、铺设。

工作场地经整平和处理，并经监理工程师认可后，应立即进行表土的铺设，当表土过分潮湿或不利于铺设时，不应进行铺设。铺设后将表土进行碾压，使坝坡符合设计坡比，利用排水沟排水。

（4）草种播种。

① 施工工序。

施工工序：施工准备→土层准备→草种选购→运输→播种→浇水及施肥→管理与养护。

② 施工材料。

a.草种：草种应具有耐旱、耐涝、蔓面大、根部发达、茎低矮强壮和多年生长的特性。

b.肥料：肥料中应有不低于 10% 的氨、15% 的磷酸盐和 10% 的碳酸钾，或根据土壤肥力状况选定各成分含量；混合肥料则由 10% 的有机肥、20% 的化肥、70% 的表土均匀拌和而成。

c.水：种植用水或养护用水应不含油、酸、盐或其他对植物生长有害的物质，并应符合《农田灌溉水质标准》（GB 5084）的要求。

③ 施工要求。

a.地表面：按照表土铺设的施工要求进行地表面的整理和准备。

b.草种的选购与运输：选购的草种应符合现行相关标准的规定，在草种选定后将有关的检疫证明送达监理工程师。

c.种植：按水土保持工程布置的要求，标出种植地段、位置及品种，并进行放样；按表土铺设的要求对种植地面进行整理和准备，并得到监理工程师的认可；种植后应进行浇灌。

G.3 总体方案设计

G.3.1 设计思路

根据鱼塘的功能规划、地形地貌、水深等实际情况，遵循水生态系统构建的基本原则，采取分区规划建设的思路，建立"强化处理—深度净化—稳态化"三位一体、动静结合的水生态自我净化系统。

采取相关的水生态工程措施使鱼塘水生态系统趋于平衡，实现水体生物自净并保持水质稳定，实现鱼塘水体的生态服务功能，同时使鱼塘水体维护达到低成本、长效、可持续的目的。

G.3.2 设计原则

以水体原位生态处理方式为主，构建水生态自我净化系统，辅以生态工程前期强化措施，实现水体生物自净并保持水质长期稳定。

1. 因地制宜原则

在充分了解水下地形、驳岸形式、水源水质、本土植物种类等状况的情况下，利用现有的多样性基底，优化功能区分布，提升鱼塘水质净化效率。

2. 生态建设原则

鱼塘生态建设遵循水生态系统演替规律，力求改善区域生态环境，营造水生动植物自行反馈和演替的生境条件。

3. 低风险、高效益原则

影响生态建设的不确定性因素较多，由于生态系统的复杂性，进行生态建设时不可避免地会出现突发状况，因此，应尽可能全面地分析可能存在的建设风险，并做好应急预案，在现有经济投入的基础上尽量达到低风险、高效益（生态效益、环境效益、社会效益）的目的。

4.美学原则

鱼塘生态建设在充分考虑水质净化效果的基础上，兼顾美学特征，力求建设具有美学效果的生态鱼塘，将水质净化与景观美化有机统一，营造人水和谐的生态空间。

G.3.3 鱼塘生态修复

1.水生态系统功能

在水生态系统中，水生植物是水体保持良性发育的关键生态类群。水生植物在水生态系统中处于初级生产者地位，它通过光合作用将太阳能转化为有机物，为水生动物及人类提供直接或间接的食物。同时，水生植物是水生态系统保持良性循环的关键，也是水生生物群落多样性的基础。因此，完整的水生植物群落是维持水生态系统结构和功能的关键。

水生高等植物主要通过自身的生长，以及协助水体内各种物理、化学、生物等反应的进行来修复水环境。污水中的部分有机物、无机物以及含磷、含氮污染物作为植物生长所需的养料被吸收，部分有毒物质被富集、转化、分解。水生高等植物的存在可以为真菌、细菌等微生物活动提供场所，并通过其发达的通气组织将 O_2 输送到根际，抑制厌氧微生物生长，为好氧微生物降解有机污染物提供良好的根际环境。

2.阶段性修复

（1）水生态建设初期。

鱼塘治理初期，水生态系统处于适应期，整体净化能力较弱，水质提升幅度较小，各指标可减少 5%~10%，水体多样性逐渐恢复，鱼塘整体景观有所提升，并具有相应的污染负荷消减能力，能抵抗一定的外源污染。

（2）水生态建设稳定期。

鱼塘竣工验收后进入维护阶段，水生态系统处于稳定状态，水质净化能力大大提升，在较短时间内鱼塘水质达到治理目标，并能长久保持目标效果或达到更好的治理效果。稳定期内鱼塘水体呈现自然、生态的景观；水生植物配置合理，季节更替明显，与周围景观和谐统一。

在水生态建设稳定期，水生态系统结构完整且稳定，具有较强的抗逆性，具备了长期、持久净化水质的能力，能抵御较强的外源污染。

3.水生态优化及调整

根据水质及生物监测结果，及时分析鱼塘水生态状况，并根据出现的问题及时采取必要的优化调整措施。

水生态系统基本建成后，可能会有强势生物种群把弱势生物种群吞噬掉，这样将破坏水生态系统平衡，所以需要不定期对鱼塘水质进行检测，采取针对性的措施，以使水生态系统趋于平衡。

（1）水生植物群落维护。

水生植物群落维护应严格控制外来物种的入侵，若发现应及时拔除，同时对枯死的水生植物进行补种，以保证群落结构稳定。

（2）水生动物维护。

水生动物维护包括捕捞和放养工作。对于水生动物维护，应及时清捞动物残骸并视具体情况适量补充相应的水生动物，对总量过多、单一物种优势过于明显等现象，可通过捕捞或放养其他类型生物加以控制，确保生物链结构稳定。

G.4 主要技术指标

由于鱼塘是较封闭的水生态系统，水源主要依靠自然降雨，所以鱼塘治理难度大，不确定性因素较多。水生态治理相对较为漫长，应根据时间和区域制定不同的目标。水质的主要考核指标为总磷、氨氮、COD_{Mn}、DO（dissolved oxygen，溶解氧）及透明度等，以《地表水环境质量标准》（GB 3838）为考核依据。

要求治理后整个水面景观效果好，水面清洁；水生态系统结构完整，具有相应的污染负荷消减能力，并能抵抗一定的外源污染，其中人为污染及暴雨、寒潮等特殊因素导致的阶段性影响除外。具体治理目标如下。

（1）完成施工后，通过后期的长效运行，鱼塘水生态系统具有较强的抗逆性，具备长期、持久净化水质的能力。

（2）水体长期呈现自然、生态的景观效果，水色清透，水面清洁。

（3）水生植物空间布局合理，季节更替明显，形成稳定的水生态系统，无须人工干涉，自主消纳部分地表径流及初期雨水中的污染物。

（4）鱼塘水质长期稳定在《地表水环境质量标准》（GB 3838）中的Ⅲ类或Ⅳ类标准。

G.5 工程技术特点

该工程以水体原位生态处理方式为主，构建水生态自我净化系统，辅以生态工程前期强化措施，相比传统材料与工法，其优点是投资费用低、施工方便和可以保持水质的持续净化作用。生态护坡利用削坡的土方，不存在大量的土方外运，且生态护坡比传统的混凝土护坡和浆砌石护坡单价低；就地取材，施工简单，临时占地较少；因生态护坡使土壤中孔隙度增加，满足植物、微生物生长条件，大大提高了土壤蓄水能力，起到了持续性净化水质的作用。

G.6 工程实施效果

鱼塘竣工验收后进入维护阶段，水生态系统处于稳定状态，水质净化能力大大提升。生态系统结构完整且稳定，具备较强的抗逆性，具备长期、持久净化水质的能力，能抵御较强的外源污染，同时极大地改善了附近居民的居住环境，修复了原有生态，为附近居民提供了一处休闲散步的场所。

G.7 相关图片

G.7.1 生态修复前

生态修复前图片见图 G.7-1、图 G.7-2。

G.7.2 生态修复中

生态修复中图片见图 G.7-3~图 G.7-5。

G.7.3 生态修复后

生态修复后图片见图 G.7-6~图 G.7-8。

图 G.7-1 鱼塘原貌

图 G.7-2 鱼塘旁道路原貌

图 G.7-3 鱼塘清表

图 G.7-4 塘底固化

图 G.7-5 鱼塘护坡施工

图 G.7-6 治理后鱼塘全貌

图 G.7-7 治理后鱼塘局部

图 G.7-8 鱼塘旁土壤固化道路

后 记

随着我国生态文明建设的不断推进，河湖清淤及底泥处理处置工程技术在湖北省得到了快速的发展和广泛的应用。这些技术不仅提高了河湖清淤的效率和质量，而且实现了底泥的资源化利用，减少了对环境的污染，对水资源的可持续利用和生态环境保护具有重要意义。

河湖清淤及底泥处理处置工程技术的发展提高了河湖清淤的效率和质量。传统的河湖清淤方法存在一些问题，如污染转移、环境扰动大、成本高、经济效益低等。而现代的河湖清淤技术可以实现高效率、低污染、低成本的清淤作业。传统的河湖清淤后，底泥往往被简单堆放或填埋，造成了资源的浪费和环境的污染。而现代的底泥处理技术，如脱水和固结一体化技术、软土固化技术等，可以去除底泥中的污染物，减少对环境的污染，并可将底泥转化为工程用土、绿化种植土、建筑原材料等，实现资源的再利用，创造额外的经济效益。

尽管河湖清淤及底泥处理处置工程技术取得了显著的成果，但仍存在一些问题和挑战。例如，一些技术设备投资大，运行成本高，不利于大规模推广应用；一些技术处理后的底泥难以满足土壤质量标准，限制了资源化利用途径；一些技术处理后的余水难以达到排放标准，需要进一步处理等。为了解决这些问题，需要进一步研究高效率、低成本、环保的河湖清淤及底泥处理处置技术，同时提高技术水平，完善技术体系。此外，还需要加强河湖清淤及底泥处理处置工程技术的推广应用，促进河湖资源的可持续利用和生态环境保护。总之，河湖清淤及底泥处理处置工程技术的进一步发展和完善对河湖资源的可持续利用和生态环境的保护具有重要意义。

本指南的编写、出版目的是抛砖引玉，期待今后有更多关注河湖清淤及底泥处理处置工程技术的专家、学者参与研究，改进、提高河湖清淤及底泥处理处置工程技术，取得更多丰硕成果。本指南在调研、编写、出版的过程中，得到了湖北理工学院、中国科学院武汉岩土力学研究所、武汉大学、华中农业大学、湖北水利水电职业技术学院、湖北省水利水电科学研究院、路德环境科技股份有限公司、湖北久树环境科技有限公司、荆州市河道管理技术中心、湖北郢都水利水电建设有限公司、湖北立顺怡勘测设计咨询有限公司等单位的大力协助，在此表示感谢。同时，限于能力、时间、条件等因素，本指南还存在一定的不足，敬请广大读者批评指正，以便再版时修订。